高 等 职 业 教 育 教 材

生态环境物理监测

龙远奎　李利平　蔡宗平　主编

相会强　宁健　黄壮群　副主编

化学工业出版社

·北 京·

内容简介

本书内容包括：环境电磁辐射监测，环境电离辐射监测，环境噪声监测，环境热、光、低频振动监测。以项目、任务的形式编排内容，着重培养动手能力和专业技能。

本书充分体现了党的二十大精神进教材，贯彻生态文明思想，践行绿水青山就是金山银山的理念。推动绿色发展，促进人与自然和谐共生。

本书为高等职业教育本科、专科环境保护类及相关专业的教材，也可作为大中专院校、环境保护相关单位及职业资格考试的培训教材。

图书在版编目（CIP）数据

生态环境物理监测/龙远奎，李利平，蔡宗平主编.—北京：化学工业出版社，2024.6

高等职业教育教材

ISBN 978-7-122-45442-3

Ⅰ.①生… Ⅱ.①龙…②李…③蔡… Ⅲ.①生态环境-环境监测-高等职业教育-教材 Ⅳ.①X835

中国国家版本馆CIP数据核字（2024）第074929号

责任编辑：王文峡　　文字编辑：刘　莎　师明远
责任校对：李雨函　　装帧设计：韩　飞

出版发行：化学工业出版社
（北京市东城区青年湖南街13号　邮政编码100011）
印　　装：高教社（天津）印务有限公司
787mm×1092mm　1/16　印张10¼　字数249千字
2024年8月北京第1版第1次印刷

购书咨询：010-64518888　　售后服务：010-64518899
网　　址：http://www.cip.com.cn
凡购买本书，如有缺损质量问题，本社销售中心负责调换。

定　　价：35.00元　

前言

大自然是人类赖以生存发展的基本条件。必须牢固树立和践行绿水青山就是金山银山的理念，站在人与自然和谐共生的高度谋划发展。

环境监测技术的发展是我国生态文明建设的技术保障。随着中国经济的腾飞，工业发展带来的环境污染也日益凸显。物理污染是环境污染的一种常见现象，也是环境监测与治理的核心内容之一。要实现我国的生态文明建设、实现节能减排和绿色低碳，就离不开生态环境的物理污染监测和治理。因为生态环境的物理污染是环境污染中比较特殊的一种污染机制，相较于化学污染和生物污染，物理污染是一种能量污染，是人类各种生产、生活、学习环节中向环境释放的能量，如核辐射粒子、电磁波、声波、低频振动波、热能和光等，影响了人们的健康生活、干扰了环境的一种现象。

物理污染按照能量形式可分为声波污染、核辐射粒子污染、电磁波污染、低频振动污染、热污染和光污染。总体来说物理污染有以下几个特点：①均是一种能量在环境介质中传播时产生的污染。②除了核辐射的放射源，其他污染方式不携带有毒有害的化学物质，污染物没有累积、没有持续效果。③传播过程中伴随着能量的衰减，污染影响的范围是有限的、局部的。④污染源停止污染就停止，残留能量以热能形式消散。

根据高职环境类专业人才培养的要求，为了适应新形势下的高职教育，本教材具有以下特点：

① 本书联合了高校、行业与企业三方共同编写，有较强的校企合编教材的特点，符合行业与企业对高技术技能人才的需求要点。其中打“*”的为选学内容。

② 教材围绕物理污染监测与治理实际工作任务开展项目式教学，理论与实践相融合，适合开展教学做一体化的教学模式，有明显的项目化教材的特点。

③ 教材采用现行国家或行业标准，融入岗位的新技术和新理念，帮助学生快速融入环境监测与治理技术的岗位情境，提高学生的实践能力和职业能力。

④ 教材内容包括噪声污染监测、辐射环境测量和其他物理污染监测。与已有的相关教材相比，本书丰富了辐射环境监测理论知识的同时增加了相关内容的实践教学项目。

本书由广东环境保护工程职业学院、深圳信息职业技术学院、广东生态工程职业学院、广东省环境辐射监测中心、广东龙晟环保科技有限公司和广东中科揽胜辐射防护科技有限公司共同编写。对以上学校、企事业单位提供的支持表示衷心的感谢。

全书四个项目共二十个任务。其中广东环境保护工程职业学院的龙远奎负责全书统稿。项目1由广东省环境辐射监测与核应急响应技术支持中心的宁健与广东龙晟环保科技有限公司的邱建龙共同完成。项目2中的任务2.1由龙远奎完成，任务2.2和任务2.3由环境保护工程职业学院的刘庭立与陈雪泉完成，任务2.4和任务2.5由环境保护工程职业学院的黄壮群完成，任务2.6和任务2.7由龙远奎与广东中科揽胜辐射防护科技有限公司的陈秋宏完成。项目3中的任务3.1和任务3.2由龙远奎完成，任务3.3至任务3.5由环境保护工程职业学院的李利平完成，任务3.6和任务3.7由深圳信息职业技术学院的相会强与姚萌完成。项目4中的任务4.1和任务4.2由广东环境保护工程职业学院的蔡宗平完成，任务4.3由龙远奎与广东生态工程职业学院的唐湛完成。

由于编者水平所限，书中疏漏和不足之处在所难免，敬请读者提出建议和修改意见。

编者

2024年1月

目 录

项目 1 环境电磁辐射监测 1

任务 1.1 认识环境电磁辐射 / 1

1.1.1 电磁辐射概念及其分类 / 1
1.1.2 电磁辐射环境控制限值 / 3
1.1.3 电磁辐射的危害 / 4

任务 1.2 监测环境射频电磁辐射 / 5

1.2.1 监测方法 / 5
1.2.2 设备工作原理 / 6
1.2.3 在线监测 / 8
1.2.4 工作示例 / 8
1.2.5 射频电磁环境监测 / 9

任务 1.3 监测工频电磁辐射 / 12

1.3.1 监测方法 / 12
1.3.2 监测仪器 / 15
1.3.3 在线监测系统 / 16
1.3.4 无人机载系统 / 17
1.3.5 数据处理 / 18

项目 2 环境电离辐射监测 20

任务 2.1 认识环境电离辐射 / 20

2.1.1 电离辐射概念及其分类 / 21
2.1.2 电离辐射的危害 / 22
2.1.3 电离辐射源 / 22
2.1.4 常用的辐射量 / 24
2.1.5 电离辐射粒子与物质的作用原理 / 26
2.1.6 电离辐射探测原理 / 27

任务 2.2 分析空气中的放射性核素 / 30

2.2.1 样品的采集 / 31
2.2.2 样品的处理 / 32
2.2.3 监测仪器 / 32
2.2.4 质量保证与数据处理 / 36
2.2.5 样品测量结果与分析 / 37

任务 2.3 分析水体中的放射性核素 / 40

2.3.1 样品的采集 / 40
2.3.2 样品的处理 / 40
2.3.3 监测仪器 / 41
2.3.4 质量保证与数据处理 / 42
2.3.5 样品测量结果与分析 / 42

任务 2.4 分析底泥和土壤中的放射性核素 / 44

2.4.1 土壤中的放射性核素及其迁移转化规律 / 44
2.4.2 检测原理 / 44
2.4.3 样品的采集 / 45
2.4.4 样品预处理方法 / 45
2.4.5 样品分析 / 46
2.4.6 数据处理 / 48
2.4.7 干扰和影响因素 / 48

任务 2.5 分析生物中的放射性核素 / 49

2.5.1 生物中的放射性核素 / 50

2.5.2 检测原理 / 50
2.5.3 样品的采集与制备 / 50
2.5.4 样品γ谱分析 / 53

任务 2.6 现场监测辐射环境剂量率 / 55

2.6.1 现场测量布点原则 / 55
2.6.2 核设施周边自动监测系统的布点原则 / 56
2.6.3 现场监测仪器要求 / 56
2.6.4 测量步骤 / 57
2.6.5 数据处理 / 58
2.6.6 累积剂量测量* / 58

任务 2.7 监测环境样品的总α、总β放射性 / 60

2.7.1 α放射性的薄层样法 / 60
2.7.2 α放射性的中间层厚度样法 / 61
2.7.3 α放射性的饱和厚度层法 / 62
2.7.4 α放射性的相对比较法 / 62
2.7.5 α放射性探测下限 / 63
2.7.6 总β放射性测量 / 63
2.7.7 β放射性测量中的注意点 / 64

项目 3 环境噪声监测 66

任务 3.1 认识声波的物理特性及其传播规律 / 66

3.1.1 环境噪声的概念 / 67
3.1.2 噪声污染的危害 / 67
3.1.3 声波的产生及描述方法 / 69
3.1.4 声波的叠加 / 73
3.1.5 声波的反射、透射、折射和衍射 / 74
3.1.6 声压级 / 78
3.1.7 级的运算 / 80
3.1.8 传播规律 / 82
3.1.9 声源的指向性 / 84

任务 3.2 掌握噪声监测评价量 / 86

3.2.1 频带划分 / 87
3.2.2 计权声级 / 89
3.2.3 等效连续A声级 / 94
3.2.4 累积百分数声级 / 95
3.2.5 其他评价量* / 96

任务 3.3 掌握噪声环境标准 / 104

3.3.1 环境质量标准 / 105
3.3.2 噪声排放标准 / 108

任务 3.4 监测城市声环境 / 111

3.4.1 基本概念 / 111
3.4.2 测量要求 / 112
3.4.3 城市声环境常规监测的内容及要求 / 112
3.4.4 监测点位调整 / 117
3.4.5 城市声环境监测报告 / 117
3.4.6 质量保证与质量控制 / 118

任务 3.5 监测工业企业厂界噪声 / 119

3.5.1 基本概念 / 119
3.5.2 测量方法 / 120
3.5.3 测量结果评价 / 121

任务 3.6 监测建筑施工场界噪声 / 122

3.6.1 基本概念 / 123
3.6.2 测量方法 / 123
3.6.3 测量结果评价 / 124

任务 3.7 测量社会生活环境噪声 / 124

3.7.1 基本概念 / 125
3.7.2 测量方法 / 125
3.7.3 测量结果评价 / 126

项目 4 环境热、光、低频振动监测 128

任务 4.1 监测环境热污染 / 128

4.1.1 热污染的来源 / 128

4.1.2 热污染的危害 / 129
4.1.3 环境热污染的监测 / 130
4.1.4 环境热污染的一般处理手段 / 130

任务 4.2 监测环境光污染 / 131

4.2.1 光污染的来源 / 131
4.2.2 光污染的危害 / 132
4.2.3 光污染测量原理 / 133
4.2.4 光环境的测量仪器 / 137
4.2.5 光环境质量评价 / 137
4.2.6 环境光污染的控制 / 140

任务 4.3 监测环境低频振动 / 145

4.3.1 低频振动的来源 / 145
4.3.2 低频振动的危害 / 145
4.3.3 振动与振动级 / 145
4.3.4 振动的监测方法 / 147
4.3.5 振动的评价标准 / 147
4.3.6 振动的控制过程 / 148

附 录 150

附录 1 级联辐射引起的符合相加修正 / 150

附录 2 样品自吸修正方法 / 152

参考文献 156

项目 1

环境电磁辐射监测

项目导读

华南某省某环境监测公司中标了该省的某环境电磁辐射监测项目。项目的主要内容有：对某地市生态环境局在职人员进行环境电磁辐射监测基础知识和技能的培训；对某地在运营的移动通信基站电磁辐射进行监测；对民众投诉的输变电站扰民事件进行电磁辐射监测等。

任务分解

由一名对环境电磁辐射专业知识熟悉的员工担任项目负责人，并开展基础知识和技能的培训。一组人员负责该地市在运营的移动通信基站电磁辐射监测。另一组人员负责该地市输变电系统的民众投诉现场监测任务。

任务 1.1　认识环境电磁辐射

任务引入

黄工有多年的环境电离辐射监测经验，公司拟派黄工为项目负责人，近期开展环境电磁辐射基础知识和技能的培训。培训对象为该地市生态环境局的在职人员和本公司项目组成员，通过培训考核挑选出项目的骨干成员。

知识目标	能力目标	素质目标
1. 认识环境电磁辐射的分类。 2. 认识环境电磁射的危害。 3. 掌握电磁辐射环境的控制限值。 4. 掌握环境电离辐射监测的基本原理。	1. 能解答公众对环境电磁辐射的各种疑问。 2. 能针对不同的环境电磁辐射种类选择对应的监测方法。	1. 认识生态文明建设的重要性。 2. 建立科学的求实思维。

1.1.1　电磁辐射概念及其分类

电磁辐射是指向空间释放电磁波的过程，是由电场和磁场的交互变化产生的，电磁辐射携带电磁能，是电磁场的传播过程。**环境电磁辐射污染**是指由人为因素导致环境中传播的电磁波能量（场强）超过了人体可承受范围或者电磁波信号影响了其他电子设备的工作，后者也称为电磁干扰。

环境电磁辐射也称为非电离辐射。已知物质发生电离的最低能量为500kJ/mol，将能量量子化后可得到每一次电离的最低能量为8.3×10^{-19}J。由电磁波能量与频率的关系式式(1-1)可得到非电离辐射的电磁波频率范围为小于10^7GHz，已经完全覆盖了目前人工电磁辐射发生的频率。

$$E=h\nu \tag{1-1}$$

式中，E为电磁波能量；h为普朗克常量；ν为电磁波频率。

按照电磁辐射来源分类可以将环境电磁辐射分为自然型电磁辐射源和人工型电磁辐射源。

自然型电磁辐射源来自于自然界，是由自然界中某些自然现象所引起的，常见的如大气与空电污染源（自然界的火花放电、雷电等）、太阳电磁场源和宇宙电磁场源。

人工型电磁辐射源是电磁辐射污染的主要来源，也是人类能进行控制治理的辐射源。按来源一般将人工型辐射源分为三大类。

① 单一杂波辐射，指特定电器设备与电子装置工作时产生的杂波辐射，它因设备与装置的不同而具有特殊的波形和强度。单一杂波辐射主要包括工业、科研和医疗设备的电磁辐射，这类设备信号的干扰程度与设备的构造、功率、频率、发射天线形式、设备与接收机的距离以及周围的地形地貌有密切关系。

② 城市杂波辐射，可理解为环境电磁辐射人工辐射源的环境背景值，它是源于人类日常使用电气设备时释放的在空间中形成的远场电磁辐射。城市杂波辐射是评价大环境质量的一个重要参数，也是城市规划与治理诸方面的一个重要依据。

③ 建筑物杂波，一般呈现冲击性与周期性规律，主要源于变电站、工厂企业和大型建筑物以及构筑物中的辐射源。这种杂波多从接收机之外的部分传入接收机之中，产生干扰。

在环境监测领域，环境电磁辐射监测的对象主要是人工型电磁辐射源。人工型电磁辐射源按照电磁波的频率又可以分为射频电磁场和工频电磁场。交流电的频率达到每秒10万次（即10^5Hz）以上时所形成的高频电磁场称为射频电磁场，如移动通信基站电磁辐射场。当交流电频率等于50Hz时所形成的电磁场称为工频电磁场，常见于人工型电磁场源，这里特指我国的交流输变电系统。

根据电磁场本身特点分为近区场（感应场）和远区场（辐射场）。

（1）近区场

以场源为中心，大约在一个波长范围内的区域称为近区场，其作用方式主要为电磁感应，所以又称为感应场。感应场受源的距离限制，主要有以下特点：

① 电场强度E与磁场强度H没有明确的关系，因此在近区场测量电磁辐射功率密度时，电场和磁场强度都要分别测量。一般高电压低电流场源的电场强度比磁场强度大很多；反之低电压高电流场源附近的磁场强度远大于电场强度。

② 感应场内电磁场强度远大于辐射场的电磁场强度，且感应场内的电磁场强度随距离衰减的速度也远大于辐射场。

③ 感应场的存在与辐射源密切相关，是不能脱离场源独立存在的一种电磁场。

（2）远区场

对应于近区场，在一个波长之外的区域称为远区场，也称为辐射场。辐射场有别于感应场，其传播规律如下：

① 电场强度 E 和磁场强度 H 有固定的比例关系，因此在测量远区场的电磁场强度时可以只测量电场强度 E，由式(1-2) 可得到磁场强度 H。

$$E=\sqrt{\mu_0/\varepsilon_0}\,H=120\pi H\ \approx 377H \tag{1-2}$$

式中，$\mu_0=4\pi\times10^{-7}\mathrm{N/A^2}$ 是真空磁导率；$\varepsilon_0=8.854187817\times10^{-12}\mathrm{F/m}$ 是真空介电常数。

② 电场强度 E 和磁场强度 H 相互垂直，且都垂直于传播方向。

③ 电磁波的传播速度为

$$c=1/\sqrt{\varepsilon_0\mu_0}=3\times10^8\mathrm{m\cdot s^{-1}} \tag{1-3}$$

通常，对于一个固定的可以产生一定强度的电磁辐射源来说，近区场辐射的电磁场强度较大，所以，应该格外注意对电磁辐射近区场的防护。对电磁辐射近区场的防护，首先是对作业人员及处在近区场环境内人员的防护，其次是对位于近区场内的各种电子、电器设备的防护。而对于远区场，由于电磁场强较小，通常对人的危害较小，这时应该考虑的主要因素就是对信号的保护。另外，应该对近区场有一个范围的概念，最经常接触的是从短波段 30MHz 到微波段的 3000MHz 的频段范围，其波长范围为 1～10m。

根据式(1-1) 可以看出，测量射频电磁场时基本为远区场，所以测量时只需要测量电磁场的电场强度，通过式(1-2) 可得到磁场强度，也可以通过式(1-4) 计算电磁场的功率密度 S：

$$S=E^2/377 \tag{1-4}$$

而测量工频电磁场时，基本测量区域属于近区场，根据近区场的特点，需要单独测量电磁场的电场强度 E 和磁场强度 H，然后可以根据式(1-5) 计算功率密度 S：

$$S=EH \tag{1-5}$$

1.1.2　电磁辐射环境控制限值

随着经济社会的发展，信息发射设施、电磁能利用设备、高压输变电设施的建设和应用越来越广泛。我国人口众多密集，建设项目包含上述产生电磁能的设施（设备）时，往往与周围电磁敏感建筑和敏感设施距离甚近（移动通信基站、高压输变电设施由于功能需要，必须建设在人口密集区）。特别是城市的扩张使新建的敏感建筑“主动”向电磁设施（设备）靠拢。随着人民生活水平日益提高和公众对自身所处环境质量意识的增强，人体暴露在电场、磁场、电磁场中是否存在潜在的健康影响，已成为公众关注的焦点。

为控制电场、磁场、电磁场所致公众暴露（这里指公众所受的全部电场、磁场、电磁场照射，不包括职业照射和医疗照射），《电磁环境控制限值》(GB 8702—2014) 明确规定，环境中电场、磁场、电磁场场量参数的方均根值应满足表 1-1 要求。

表 1-1　公众暴露控制限制（低频段）

频率范围/Hz	电场强度 E/(V/m)	磁场强度 H/(A/m)	磁感应强度 B/μT	等效平面波功率密度 S_{eq}/(W/m^2)
1～8	8000	$32000/f^2$	$40000/f^2$	—
8～25	8000	$4000/f$	$5000/f$	—
25～1200	$200/f$	$4/f$	$5/f$	—
1.2k～2.9k	$200/f$	3.3	4.1	—
2.9k～57k	70	$10/f$	$12/f$	—

续表

频率范围/Hz	电场强度 E/(V/m)	磁场强度 H/(A/m)	磁感应强度 B/μT	等效平面波功率密度 S_{eq}/(W/m^2)
57k～100k	$4000/f$	$10/f$	$12/f$	—
0.1M～3M	40	0.1	0.12	4
3M～30M	$67/f^{1/2}$	$0.17/f^{1/2}$	$0.21/f^{1/2}$	$12/f$
30M～3G	12	0.032	0.04	0.4
3G～15G	$0.22f^{1/2}$	$0.00059f^{1/2}$	$0.00074f^{1/2}$	$f/7500$
15G～300G	27	0.073	0.092	2

注：

① 表中 f 为电磁波的频率，其单位为所在行中第一栏的单位。电磁场强度值与频率变化关系可查 GB 8702—2014 中的图 1；磁感应强度限值与频率变化关系可查 GB 8702—2014 中的图 2。

② 0.1MHz～300GHz 频率，场量参数是任意连续 6 分钟内的方均根值。

③ 100kHz 以下频率，须同时限制电场强度和磁感应强度；100kHz 以上频率，在远场区，可以只限制电场强度或磁场强度，或等效平面波功率密度；在近场区，须同时限制电场强度和磁场强度。

④ 架空输电线路线下的耕地、园地、牧草地、畜禽饲养地、养殖水面、道路等场所，其频率 50Hz 的电磁场强度控制限值为 10kV/m，且应给出警示和防护指示标志。

该本标准规定了电磁环境中控制公众暴露的电场、磁场、电磁场（1Hz～300GHz）的场量限值、评价方法和相关设施（设备）的豁免范围。适用于电磁环境中控制公众暴露的评价和管理，不适用于控制以治疗或诊断为目的所致病人或陪护人员暴露的评价与管理；不适用于控制无线通信终端、家用电器等对使用者暴露的评价与管理；也不能作为对产生电场、磁场、电磁场设施（设备）的产品质量要求。

从电磁环境保护管理角度，下列产生电场、磁场、电磁场的设施（设备）可免于管理：

① 100kV 以下电压等级的交流输变电设施。实践中这一电压等级下，设施周围环境的场量测量值基本没有出现超过限值的情况。

② 向没有屏蔽空间发射 0.1MHz～300GHz 电磁场的，其等效辐射功率小于表 1-2 所列数值的设施（设备）。

表 1-2 可豁免设施（设备）的等效辐射功率

频率范围/MHz	等效辐射功率/W
0.1～3	300
3～3×10^5	100

1.1.3 电磁辐射的危害

电磁辐射对无线电通信、遥控、导航以及电视接收信号的干扰日趋严重，严重的甚至危及人体健康。电磁辐射的危害与电磁波的频率有关，从作用机制角度看，射频辐射的危害比较大。电磁辐射对人体的影响可归结为三种效应：热效应、非热效应和三致作用。

① 当电磁辐射场强高于 100V/m 时，人体吸收电磁波的能量转换为热能，当转换的热能超过人体自身调节能力时，会引起人体或局部组织体温的升高，引起机体生理功能紊乱。这种效应称为热效应，可引起如白内障等病变。

② 当电磁辐射功率达到一定值时，电磁波会干扰机体（如影响脑电波），长时间照射会使人出现烦躁、失眠、疲劳等一系列神经功能紊乱的现象，称为非热效应。

③ 当电磁辐射与机体发生严重的生物效应，如诱发癌细胞，引起染色体畸变等，这种致癌、致畸、致突作用称为三致作用。

因此对环境中的电磁辐射监测和管理能有效地降低电磁辐射给人类的健康带来的威胁，以及保障电子设备的正常工作。

随堂感悟（思政元素）

孟子曰："离娄之明，公输子之巧，不以规矩，不能成方圆"。不管是环境电磁辐射监测还是其他的环境监测，都在明确的标准下执行，生态环境相关的法规或标准便是生态环境监测的准绳和"规矩"。作为一名环境监测从业人员，一定要坚守职业底线，严格执行国家相关的法规和标准。

自学评测/课后实训

1. 环境电磁辐射的分类有哪些？

2. 在测量移动通信基站的电磁辐射强度时，在某测点测得电场强度的均值为1.24V/m，求此点位的电磁场的功率密度S。

3. 黄工测量某输变电系统的电磁场强时，带的设备为测量电场强度的射频探头，请问能否完成任务？

任务1.2 监测环境射频电磁辐射

任务引入

公司通过培训考核，挑选出以刘工为负责人的项目成员，负责对项目的环境射频电磁辐射进行监测。要求项目组成员学习相关的标准，熟练掌握测量仪器的使用和测量点位的选择。

知识目标	能力目标	素质目标
1. 熟悉《辐射环境保护管理导则　电磁辐射监测仪器和方法》(HJ/T 10.2—1996)。 2. 熟悉《辐射环境保护管理导则　电磁辐射环境影响评价方法与标准》(HJ/T 10.3—1996)。 3. 掌握《移动通信基站电磁辐射环境监测方法》(HJ 972—2018)。	1. 能设计射频电磁场的监测方案。 2. 能使用电磁辐射监测仪器。 3. 能处理射频电磁场的监测数据。	1. 坚守职业操守，爱岗敬业。 2. 培养大国工匠精神，按照标准行事。

1.2.1 监测方法

射频电磁场源主要包括移动通信基站、雷达和广播电视发射塔。《辐射环境保护管理导则　电磁辐射监测仪器和方法》（HJ/T 10.2—1996）和《辐射环境保护管理导则　电磁辐射环境影响评价方法与标准》（HJ/T 10.3—1996）是射频电磁辐射监测的主要依据，监测时还要根据不同监测对象进行调整。

通信基站周围电磁辐射的监测方法主要依据《移动通信基站电磁辐射环境监测方法》（HJ 972—2018）。

（1）资料收集

开展监测工作前，应收集被测移动通信基站的基本信息，包括基站名称、运营单位、建设地点、经纬度坐标、网络制式类型、发射频率范围、天线离地高度、天线支架类型、天线数量和运行状态等。

根据监测的性质和目的，还可收集其他信息，包括发射机型号、标称功率、实际发射功率、天线增益、天线方向性类型和天线方向角等参数。

（2）监测布点

监测点位布设在以移动通信基站发射天线地面投影点为圆心，半径 50m 为底面的圆柱体空间内有代表性的电磁辐射环境敏感目标处。

在建筑物外监测时，点位优先布设在公众日常生活或工作距离天线最近处，但不宜布设在需借助工具（如梯子）或采取特殊方式(如攀爬）到达的位置。移动通信基站发射天线为定向天线时，点位优先布设在天线主瓣方向范围内。

在建筑物内监测时，点位优先布设在朝向天线的窗口（阳台）位置，探头（天线）应在窗框（阳台）界面以内，也可选取房间中央位置。探头（天线）与家用电器等设备之间距离不小于 1m。

（3）实施和记录

测量仪器探头（天线）距地面（或立足平面）1.7m，也可根据需要在其他高度监测，并在监测报告中注明。监测时探头（天线）与操作人员躯干之间距离不小于 0.5m，并避免或尽量减少周边偶发的其他电磁辐射源的干扰。

每个测点至少连续测 5 次，每次监测时间不少于 15s，并读取稳定状态下的最大值；若监测读数起伏较大时，适当延长监测时间。当监测仪器为自动测量系统时，应设置于方均根值检波方式，每次测量时间不少于 6min，数据采集取样率不小于 1 次/s。

记录环境温度、相对湿度和天气状况；记录监测日期、监测起止时间、监测人员、监测仪器型号和编号及探头（天线）型号和编号；记录现场监测点位示意图，标注移动通信基站天线、监测点位和其他已知的电磁辐射源的位置；记录监测点位名称、监测点位与移动通信基站发射天线的垂直距离与水平距离和监测数据。

（4）监测仪器

监测仪器工作性能应满足待测电磁场的要求，能够覆盖所监测的移动通信基站的发射频率，量程、分辨率等能够满足监测要求。监测应选用具有各向同性响应探头（天线）的监测仪器，监测仪器的监测结果应选用仪器的方均根值读数。

根据监测目的，监测仪器可分为非选频式宽带电磁辐射监测仪和选频式电磁辐射监测仪。在进行移动通信基站电磁辐射环境监测时，采用非选频式宽带电磁辐射监测仪；在需要了解多个电磁辐射源中各个辐射源的电磁辐射贡献量时，则采用选频式电磁辐射监测仪。为了掌握移动通信基站周围电磁辐射水平变化情况，可采用电磁辐射在线监测仪器。

1.2.2 设备工作原理

（1）非选频式仪器

① 工作原理：非选频式宽带电磁辐射监测仪的电场探头由偶极子和检波二极管组成，

全向探头由三个2～10cm长、相互正交的偶极子天线，端接肖特基检波二极管、RC滤波器组成。检波后的直流电流经高阻传输线或光缆送入数据处理和显示电路。当偶极子直径D远小于偶极子长度h时，偶极子互耦可忽略不计；由于偶极子相互正交，将不依赖场的极化方向。探头尺寸很小，对场的扰动也小，能分辨场的细微变化。

非选频式宽带电磁辐射监测仪的磁场探头由三个相互正交环天线和二极管、RC滤波元件、高阻线组成，从而保证其全向性和频率响应。

② 电性能要求：使用非选频式宽带辐射测量仪实施通信基站电磁辐射水平监测时，为了确保监测的质量，《移动通信基站电磁辐射环境监测方法》（HJ 972—2018）对仪器电性能提出了基本要求，见表1-3。

表1-3 非选频式宽带辐射测量仪电性能基本要求

项目	指标	
频率响应	800MHz～3GHz	±1.5dB
	<800MHz，或>3GHz	±3dB
动态范围（探头检出限）	下限≤1.1×10^{-4}W/m²（0.2V/m） 上限≥25W/m²（100V/m）	
各向同性	应对整套监测系统评估其各向同性，各向同性≤1dB	

（2）选频式仪器

选频式电磁辐射监测仪是指能够对仪器频率范围内的部分频谱分量进行接收和处理的电磁辐射监测仪，这类仪器用于环境中低电平电场强度、电磁兼容、电磁干扰的测量。除场强仪（或称干扰场强仪）外，可用接收天线和频谱仪（或测试接收机）组成测量系统，经校准后用于环境电磁辐射测量。

① 场强仪（干扰场强仪）工作原理：待测场的场强值如式(1-6)：

$$E(\mathrm{dBmV/m})=K(\mathrm{dB})+V_{\mathrm{r}}(\mathrm{dBmV})+L(\mathrm{dB}) \tag{1-6}$$

式中，K是天线校正系数，它是频率的函数，可由场强仪的附表中查得；场强仪的读数V_{r}加上对应K值和电缆损耗L才得到场强值，但近期生产的场强仪所附天线校正系数K值可能已包含电缆损耗L值，在使用中应注意。

当被测场是脉冲信号时，不同带宽V_{r}值不同，此时需要归一化于1MHz带宽的场强值，即

$$E(\mathrm{dBmV/m})=K(\mathrm{dB})+V_{\mathrm{r}}(\mathrm{dBmV})+20\lg\frac{1}{\mathrm{BW}}+L(\mathrm{dB}) \tag{1-7}$$

式(1-7)中BW为选用带宽，单位为MHz。测量宽带信号环境辐射峰值场强时，要选用尽量宽的带宽，相应平均功率密度为：

$$P_{\mathrm{d}}(\mathrm{mW/cm^2})=\frac{10^{\frac{E(\mathrm{dBmV/m})-115.77}{10}}}{10q} \tag{1-8}$$

式(1-8)中q为脉冲信号占空比。K、L值查表可得，V_{r}为场强值读数，于是E和P_{d}可以计算出来。

② 频谱仪测量系统工作原理：这种测量系统的工作原理和场强仪一致，只是用频谱仪作接收机，此外频谱仪的dBm读数须换算成dBμV。对50Ω系统，场强值为：

$$E(\mathrm{dBmV/m})=K(\mathrm{dB})+A(\mathrm{dBm})+107(\mathrm{dBmV})+L(\mathrm{dB}) \tag{1-9}$$

频谱仪的类型不受限制，但频谱仪天线系统必须校准。

③ 微波测试接收机工作原理：用微波接收机和接收天线也可以组成环境监测系统。扣除电缆损耗，功率密度 P_d 按式(1-10) 计算。

$$P_d=\frac{4\pi}{G\lambda^2}g10^{\frac{A+B}{10}}(mW/cm^2) \tag{1-10}$$

式中 G——天线增益，倍；

λ——工作波长，cm；

A——数字幅度计读数，dBm；

B——0dB 输入功率，dBm。

由上述测试接收机组成的监测装置的灵敏度取决于接收机灵敏度，天线系统应校准。

用于环境电磁辐射测量的仪器种类较多，凡是用于 EMC（电磁兼容）、EMI（电磁干扰）测试的接收机都可用于环境电磁辐射监测。专用的环境电磁辐射监测仪器，也可用上面介绍的方法组成测量系统实施环境监测。

④ 电性能要求：根据具体监测需要，可选择不同量程、不同频率范围的选频式电磁辐射监测仪，仪器选择的基本要求是能够覆盖所监测的频率，量程、分辨率能够满足监测要求。《移动通信基站电磁辐射环境监测方法》（HJ 972—2018）对仪器电性能提出了基本要求，见表 1-4。

表 1-4 选频式辐射测量仪电性能基本要求

项目	指标
测量误差	＜3dB
频率误差	＜被测频率的 10^{-3} 数量级
动态范围(场强)	最小≤$7\times10^{-6}W/m^2$(0.05V/m) 最大≥$25W/m^2$(100V/m)
各向同性	在其测量范围内，探头的各向同性≤2.5dB

1.2.3 在线监测

通信基站建设数量多、密度大，与公众工作和生活的环境密切相关，因此受到公众广泛关注。为了掌握移动通信基站周围电磁辐射水平变化情况，充分做好公众沟通和科普宣传工作，需要采用电磁辐射在线监测仪器进行更深入的监测，以获取更全面的数据，更好地为公众答疑解惑。常见的自动监测设备有可移动式电磁环境在线监测系统、固定式电磁环境在线监测系统、监测车以及无人机载电磁辐射测量系统。

可移动式电磁环境在线监测系统可灵活对关注区域进行连续监测，便于解决公众对监测工况的质疑。将电磁环境在线监测系统固定安装在通信基站周边及居民楼、学校等特定地点，对电磁辐射进行长期在线自动监测，通过网站或显示屏实时发布数据。

1.2.4 工作示例

某 2140MHz 频段通信基站位于厂房、民宅混杂区，基站采用美化天线安装在 6 层楼梯间顶部，天线离地面高度约为 26m，天线周围建筑为 6 层。按照《移动通信基站电磁辐射环境监测方法》对基站周围电磁辐射水平进行监测，监测结果见表 1-5，监测布点示意见图 1-1。

表 1-5　某基站周围电磁辐射水平监测结果

监测点位	点位描述	距离/m		电场强度/(V/m)
		水平	垂直	
1	6 层厂房楼顶平台西北侧	3	3	3.5
2	6 层厂房楼顶平台东南角	9	3	2.9
3	6 层厂房楼顶平台东北角	9.5	3	2.6
4	5 层民房底面西南侧	10	27	0.70
5	2 层民房底面西南侧	13	27	0.91
6	4 层民房底面西南侧	16	27	2.8
7	3 层在建楼房东南侧	6	27	2.0
8	2 层民房楼顶平台东南侧	3	20	3.9
9	4 层民房楼顶平台东北侧	3	14	3.1
10	3 层民房楼顶平台西北侧	5	17	2.6

《电磁环境控制限值》(GB 8702—2014) 在通信基站频段对应的公众暴露控制限值，电场强度为 12V/m。作为单个建设项目环境管理，《辐射环境保护管理导则　电磁辐射环境影响评价方法与标准》(HJ/T 10.3—1996) 要求取 GB 8702 场强限值的 $1/5^{1/2}$，即电场强度不超过 5.4V/m。

根据监测结果，电场强度按照 12V/m 和 5.4V/m 的标准分别进行电磁环境质量和电磁环境管理评价。可见，该通信基站满足环境管理要求，其周围电磁环境质量满足国家标准。

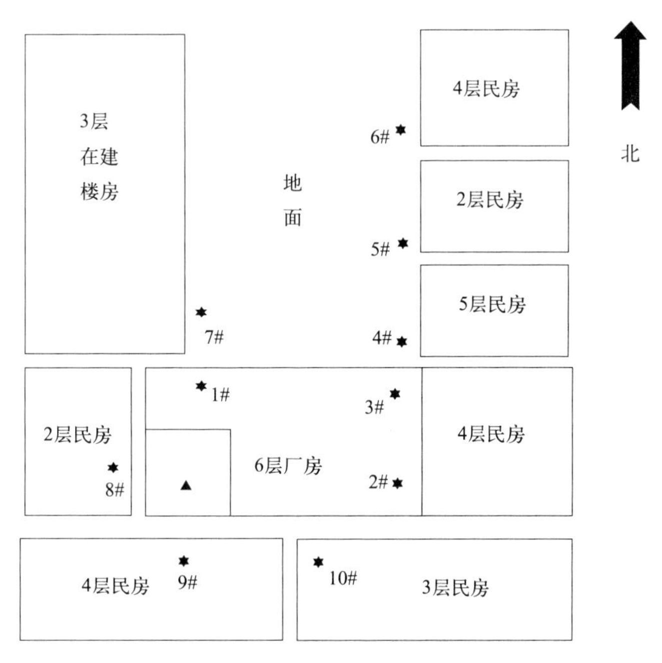

图 1-1　某通信基站周围电磁辐射水平监测布点示意图

▲ 天线位置；✸ 监测点位

1.2.5　射频电磁环境监测

为了了解一定区域内射频电磁环境现状，需要在该区域进行监测，并根据监测结果对该区域的射频电磁环境质量现状进行评价。

（1）监测布点

根据监测区域测绘地图，将全区划分为小方格，取方格中心为测量位置。方格的大小可根据监测的目的进行划分，如 $(0.5\times0.5)\mathrm{km}^2$、$(1\times1)\mathrm{km}^2$、$(2\times2)\mathrm{km}^2$，或者其他大小。监测布点网格可以灵活调整，在有大型电磁辐射源的区域，可以结合源的电磁辐射水平分布特点，在其周围采取近密远疏的方式布点。

在地图上布点后，应对实际测点进行考察。考虑到地形地物影响，实际测点应避开高层建筑物、树木、高压线以及金属结构等，尽量选择空旷地方测试。可以对拟选测点调整，测点调整最大为方格边长的1/4，对特殊地区方格允许不进行测量。

一般环境仅需要对综合电场强度进行监测；如果需要进一步了解综合电场强度中各频段的贡献量，则需要开展分频电场强度监测；需要了解射频段的磁场水平时，就开展射频磁场强度监测。

监测仪器探头高度以离地面1.7m为宜，有特殊高度需要的，应予以说明。

（2）监测仪器

用于射频电磁辐射源监测的综合场强仪和选频场强仪大都可用于区域射频电磁环境监测，此类仪器在本章其他小节已有介绍，不再赘述。

区域电磁环境监测还可以采用车载监测仪器巡测的方式进行，结合电子地图，实时展示监测结果，绘制区域电磁环境质量图。但需要对车载系统与手持仪器的监测结果进行比对，车载系统尽可能进行校准；不同车速以及周围其他高大车体对监测结果可能有一定影响，应尽量进行修正。

（3）结果评价

根据监测结果，可对区域电磁环境进行评价。一般情况，以《电磁环境控制限值》中频率30MHz～3000MHz的限值（如电场强度12V/m）为评价标准。在掌握电磁辐射源信息的前提下，可以有针对性地以该辐射源频段的限值为评价标准，如在中波电台附近区域，就应以中波频段的限值（如电场强度40V/m）进行评价。

同一网格（监测点位）有多个电磁辐射源的，应对各个辐射源的场强进行监测，将监测结果同该频段对应标准限值进行比较，各个辐射源同对应频段标准比值之和 A 值作为评价对象，A 的计算见式(1-11)。

$$A=\sum_{i=1}^{n}\frac{E_i^2}{E_{L,i}^2} \tag{1-11}$$

式中　E_i——第 i 个辐射源的场强，V/m；

$E_{L,i}$——第 i 个辐射源对应频率的场强限值，V/m。

A 不超过1即视为电磁环境质量满足国家标准；A 超过1即超标，应进一步查找原因，提出有针对性的措施降低电磁辐射水平，以实现环境质量达标。

完成全区域电磁环境监测后，可将监测结果与地图结合绘制电磁环境质量地图，直观展示该区域的电磁环境现状。电磁环境质量地图中的监测结果可以直接采用电场强度值；但个别电磁辐射源可能易引起误导，采用 A 值更能客观反映电磁环境质量，避免误导。

（4）仪器校准

在现场监测前后，使用便携式射频电磁场校准器对仪器进行校准。按照质量保证要求，每次监测前后均应检查仪器，确保仪器在正常工作状态。判断仪器是否正常，最简单的办法就是在监测前后使用校准器检查仪器的状态。

STT-CAL-RF 射频电磁场校准器可以针对 SEM-600、NBM550、PMM8053 等多种型号电磁辐射分析仪的射频探头进行校准，是实现监测前后检查仪器工作状态是否正常的一种有效、快捷方式，该校准器的要性能参数见表 1-6，实物和校准方法分别见图 1-2。

表 1-6 STT-CAL-RF 校准器主要参数

电场发生器	输出信号频率	1GHz±20kHz
	电场强度(探头卡位处)	5V/m
	最大允许误差	±1.1dB
	尺寸	310mm×76mm×55mm
充电器	输入电压	220V/50Hz
	输出电压/电流	12.6V/1A

图 1-2 STT-CAL-RF 校准器及校准方法示意图

随堂感悟（思政元素）

以下是射频电磁场监测的质量保证措施。

① 监测机构：应该通过计量认证或实验室国家认可，或者具备与所从事的电磁环境监测业务相适应的能力和条件。

② 监测仪器：必须与所测对象在频率、量程、响应时间等方面相符合，以便保证获得真实的监测结果。测量仪器和装置（包括天线或探头）经计量部门检定（校准）后方可使用，应定期进行校准，每次监测前、后均检查仪器的工作状态是否正常。在仪器校准有效期内也可以组织同类仪器比对。

③ 监测人员：监测人员应经过相关业务培训，其监测能力应进行考核或确认。针对某监测因子，监测机构应组织监测人员进行比对。

④ 数据处理：监测时必须获得足够多的数据量，以便保证监测结果的统计学精度。监测中异常数据的取舍以及监测结果的数据处理应按统计学原则处理。

⑤ 三级审核：任何存档或上报的监测结果必须经过复审，复审者应是不直接参与此项工作但又熟悉本内容的专业人员。

⑥ 建立档案：监测前应制订监测方案或实施计划。监测点位应具有代表性、复现性。监测应建立完整的文件资料，监测方案、监测布点图、监测原始数据、统计处理程序等必须全部保存，以备复查。

质量保证是保证环境监测数据可靠性的全部活动和措施，要保证监测数据的质量，就要充分了解监测对象的特点，制订详细的监测计划，选用恰当的监测方法，使用合适的监测仪器，准确记录现场数据，客观给出监测结论。

自学评测/课后实训

在学院内或附近选一个移动通信基站的发射塔作为污染源，进行电磁辐射监测。

任务 1.3 监测工频电磁辐射

任务引入

公司通过培训考核，挑选出以宁工为负责人的项目成员，负责对项目的工频电磁场辐射进行监测。要求项目组成员学习相关的标准，熟练掌握测量仪器的使用和测量点位的选择。

知识目标	能力目标	素质目标
1. 熟知《工频电场测量》(GB/T 12720—91)。 2. 掌握《交流输变电工程电磁环境监测方法(试行)》(HJ 681—2013)。 3. 掌握电磁辐射环境的控制限值。 4. 掌握环境电离辐射监测的基本原理。	1. 能设计工频电磁场的监测方案。 2. 能使用工频电磁辐射监测仪器。 3. 能处理工频电磁场的监测数据。	1. 坚守职业操守，爱岗敬业。 2. 培养大国工匠精神，按照标准行事。

1.3.1 监测方法

输变电工程电磁环境监测主要依据《工频电场测量》（GB/T 12720—91）和《交流输变电工程电磁环境监测方法（试行）》（HJ 681—2013）。

（1）一般要求

测量环境应符合仪器标准中规定的使用条件；监测工作应在无雨、无雾、无雪的天气下进行，环境湿度应在80%以下，避免检测仪器之间泄漏电流等影响。

监测位置尽量选取地势平坦、远离树木、没有其他电力线路、通信线路及广播线路的空地上，尽量做到仪器探头与待测设施之间无遮挡物。

监测仪器探头应架设在地面（或立足面）上方1.5m高度处，也可以根据实际需求设于其他高度，并在监测报告中注明。

由于工频电场极易受到外界物体的影响而发生畸变，人体或物体距离探头太近将影响工频电场监测结果；相对而言，工频磁场则不易受到外界物体影响。因此，在测量中需要采取一些避让措施，以确保工频电场监测结果合理。

在测量工频电场时，监测人员及其他人员与监测仪器探头的距离应不小于2.5m，以避免工频电场在探头处产生较大畸变；监测仪器探头与固定物体的距离应不小于1m，将固定物体对监测结果的影响限制在可以接受的范围内。无法满足上述距离要求的，应在监测报告中注明。

在监测工频磁场时，监测探头可以用一个小的电介质手柄支撑，并由监测人员手持。

在现场监测过程中，采用单向探头的工频电场、磁场监测仪器无法确保三个方向相互完全正交，单一方向极难找准该方向的最大值，三个方向所读取的数据在时间上不同步，会造成最后合成的综合值并不严谨，与《电磁环境控制限值》（GB 8702—2014）的标准值无法对接。因此，现场监测应使用全向探头的仪器，不能使用单向探头的监测仪器，除非有特殊的需求。目前，市面上主流的工频电场、磁场监测仪器均是采用全向探头。

（2）监测布点

输变电工程电磁环境监测需要考虑变电站站址、输电线路路径和周围环境保护目标。变电站站址周围监测，需要在围墙四周进行巡测，在每个方向巡测最大值处（避开进出线）进行布点监测；对于尚未建设的变电站站址电磁环境调查，若附近无其他电磁设施，则可简化在站址中心布点即可。输电线路一般在长直段弧垂最低处进行衰减断面监测，所选监测断面地势平坦开阔；线路沿线无电磁环境保护目标的，监测点位数量要求见表1-7，尽量在沿线路径均匀布点，并兼顾行政区及环境特征的代表性。环境保护目标的布点方法以定点监测为主。

表1-7　输电线路沿线电磁环境现状监测点位数量要求

线路路径长度(L)范围	$L<100$km	100km$\leqslant L<$500km	$L\geqslant 500$km
最少测点数量	2个	4个	6个

监测点位附近如果有影响监测结果的其他源项时，应说明其存在情况并分析其对监测结果的影响，给出已投运工程监测期间的运行工况和监测布点图。

有工程竣工环境保护验收资料的变电站改（扩）建工程，可仅在改（扩）建端补充监测；若竣工环境保护验收中改（扩）建端已开展了监测，则可不再布点监测。

若是监测对象为变电站，监测位置应选择在无进出线或者远离进出线（距离边导线地面投影不少于20m）的围墙外且距离围墙5m处；如在其他位置监测，应记录监测点与围墙的相对位置关系以及周围环境状况，并在监测报告中予以说明。

变电站衰减断面监测的路径，应以变电站围墙周围工频电场或工频磁场监测最大值处为起点，在垂直于围墙的方向上、间距5m，顺序测至评价范围边界处。由于变电站周围工频磁场水平整体较低，一般衰减断面的起点考虑工频电场巡测结果的最大值即可，同时在该路径上进行磁感应强度监测。

某500kV变电站周围工频电磁环境监测布点示意见图1-3。

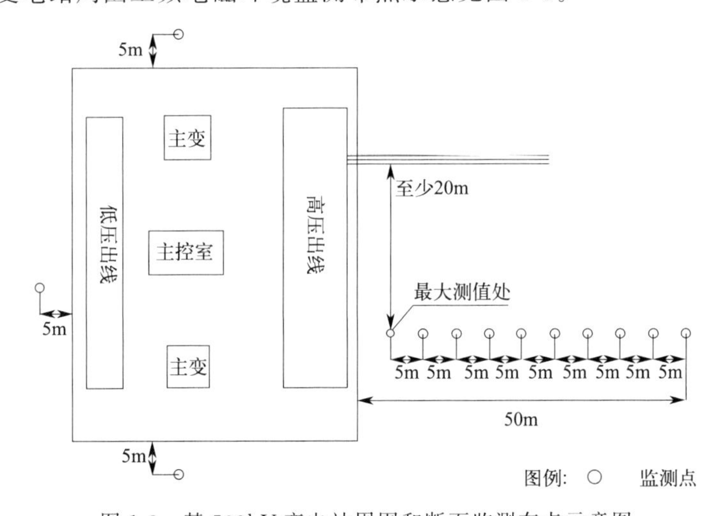

图1-3　某500kV变电站周围和断面监测布点示意图

若监测对象为架空输电断面的路径，应选在导线档距中央弧垂最低位置的横截面方向上，单回输电线路应以弧垂最低位置处中相导线对地投影点为起点，同塔多回输电线路应以弧垂最低位置处档距对应两杆塔中央连线对地投影为起点。监测点位应均匀分布在边相导线两侧的横断面方向上，挂线方式以杆塔对称排列的输电线路，只需在杆塔一侧的横断面方向上布置监测点。监测点间距一般为 5m，顺序测至评价范围边界处为止；在测量最大值时，应加密布点，两相邻监测点的距离一般不大于 1m。输电线路监测布点示意见图 1-4。

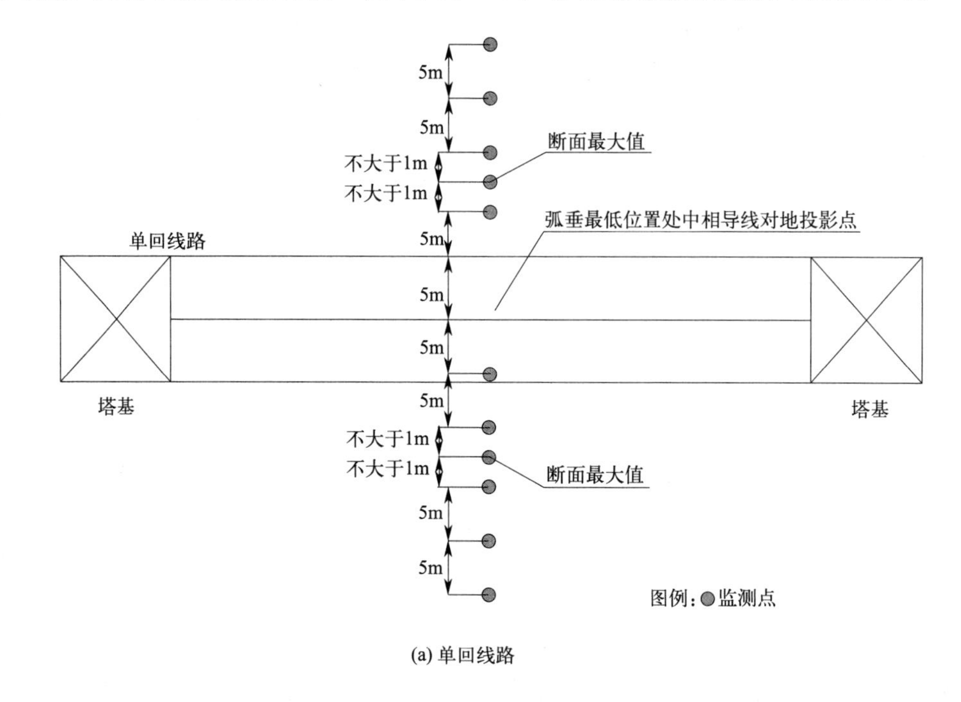

(a) 单回线路

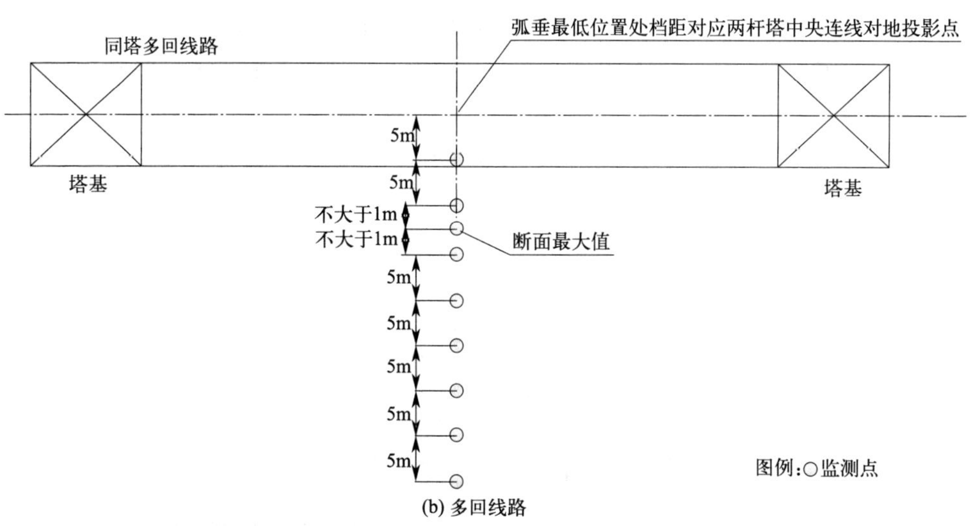

(b) 多回线路

图 1-4　架空输电线路断面监测布点示意图

若对象为地下电缆断面监测的路径，则以地下输电电缆线路中心正上方的地面为起点，沿垂直于线路方向进行，监测点间距为 1m，顺序测至电缆管廊两侧边缘各外延 5m 处为止。对于以电缆管廊中心对称排列的地下输电电缆，只需在管廊一侧的断面方向上布置监测点。

在输变电工程周围的建（构）筑物外监测，应依据最不利原则，对输变电工程周围最近一处进行测试，且在距离建筑物不小于1m处布点。在建（构）筑物内监测，应在距离墙壁或其他固定物体1.5m外的区域处布点；如不能满足上述距离要求，则取房屋立足平面中心位置作为监测点，但监测点与周围固定物体（如墙壁）间的距离不小于1m。在建（构）筑物的阳台或平台监测，应在距离墙壁或其他固定物体（如护栏）1.5m外的区域布点；如不能满足上述距离要求，则取阳台或平台立足平面中心位置作为监测点。

1.3.2 监测仪器

（1）一般要求

一个电场强度仪一般由探头（或传感器）和由模拟（或数字）显示的信号处理电路组成的检测器以及由探头到检测器的信号传输通道（导线或光纤等）三部分组成。

根据《工频电场测量》（GB/T 12720—91）和《交流输变电工程电磁环境监测方法（试行）》（HJ 681—2013），工频电场和磁场的监测应使用专用的探头或工频电场、磁场监测仪器。工频电场监测仪器和工频磁场监测仪器可以是单独的探头，也可以是将两者合成的仪器。探头通过光纤与主机（手持机）连接时，光纤长度不应小于2.5m。

监测仪器一般应用电池供电；采用交流供电方式的，需要说明电源对监测结果的影响，并考虑修正。工频电场监测仪器探头支架应采用不易受潮的非导电材质，潮湿的木质支架会影响监测结果，采用碳纤维材料的支架几乎不会对监测结果带来影响，任何情况均不得采用金属支架。

监测仪器的监测结果应读取方均根值（也称均方根值），以便于同《电磁环境控制限值》（GB 8702—2014）等标准对照。监测仪器无法读取方均根值的，在后期数据处理时需要将现场监测的数值转换为方均根值。

（2）仪器介绍

从输变电工程电磁环境监测目的和实现手段来看，监测仪器主要包括便携式仪器、在线监测系统和无人机载系统。

目前，便携式工频电磁环境监测仪器主要有PMM系列、NBM系列、EFA300系列和SEM系列，这四个系列均是全向监测仪器。以下分别进行简要介绍。

① PMM系列，仪器组成主要包括PMM8053主机、EHP50C探头、连接光纤和三脚支架等，该仪器的主要技术参数见表1-8。

表1-8 PMM8053主机+EHP50C探头技术参数

项目	工频电场	工频磁场
频率范围	5Hz～100kHz	5Hz～100kHz
测量范围	0.01V/m～100kV/m	1nT～10mT
过载	200kV/m	20mT
动态范围	>140dB	>140dB
分辨率	0.01V/m	1nT
灵敏度	0.01V/m	1nT
温度响应	0.05dB/℃	0.05dB/℃

② NBM系列，仪器组成主要包括NBM550主机、EHP50D探头、连接光纤和三脚支架等。该仪器的主要技术参数见表1-9。

表 1-9　NBM550 主机+EHP50D 探头技术参数

项目	工频电场	工频磁场
频率范围	5Hz～100kHz	5Hz～100kHz
测量范围	0.5V/m～100kV/m	30nT～10mT
过载	200kV/m	20mT
线性度	0.2dB	0.2dB
动态范围	106dB	110dB
灵敏度	1mV/m	0.1nT
温度响应	-4×10^{-3}dB/℃	-8×10^{-3}dB/℃

③ EFA300 系列，仪器组成主要包括 EFA300 主机、全向电场探头、连接光纤和三脚支架等。该仪器的主要技术参数见表 1-10。

表 1-10　EFA300（磁场探头 A+电场探头）技术参数

项目	工频电场	工频磁场
频率范围	5Hz～32kHz	5Hz～32kHz
测量范围	0.14V/m～100kV/m	25nT～31mT
过载	200kV/m	87mT
本底噪声	0.45V/m	10nT
不确定度	±3%	±3%

④ SEM 系列，仪器组成主要包括 SEM600 主机、全向电场探头、连接光纤和三脚支架等。该仪器的主要技术参数见表 1-11。

表 1-11　SEM600 主机+全向电场探头技术参数

项目	工频电场	工频磁场
频率范围	1Hz～100kHz	1Hz～100kHz
测量范围	0.01V/m～100kV/m	1nT～10mT
过载	200kV/m	20mT
动态范围	110dB	110dB
灵敏度	0.01V/m	1nT
分辨率	0.01mV/m	0.1nT
各向同性	±0.4dB	±0.12dB
绝对误差	<5%	<5%
线性度	±0.2dB	±0.2dB

1.3.3　在线监测系统

固定式工频电磁环境在线监测系统可以安装在变电站、高压线等工频电磁设施附近，对工频电场、工频磁场进行在线自动监测。监测结果可以通过该工频设施附近的环境信息显示屏幕，或者传送到环境公众网站，实现输变电工程电磁环境监测数据实时发布。这对获取公众信任、开展环保宣传可以起到积极的作用。

截至 2017 年底，广东、北京、上海等 20 个省（市）已建有上百个工频电磁环境在线监测系统。目前在线监测系统尚存在技术路线和性能指标不统一，系统集成后整体性能的可靠性难以验证，以及不同供电方式对监测结果干扰的修正等问题，亟待规范化、标准化。

常见在线监测系统 OS-8 型电磁环境在线监测系统的主要技术参数见表 1-12，系统安装的实景见图 1-5。

表 1-12 OS-8 型电磁环境在线监测系统技术参数

系统参数			
采数速率	1s	工作温度	−20℃～+55℃
传数速率	1s～60s 可设置	工作湿度	<95%
传数方式	有线/无线	IEC 防护等级	IP66
频率范围	5Hz～400kHz	射频抗扰度	整体 X 级
供电方式	太阳能/交流市电	结果类型	实时值/最大值/平均值

探头参数		
项目	工频电场	工频磁场
测量范围	0.1V/m～100kV/m	1nT～10mT
传感器类型	全向/平板	全向/线圈
测量误差	5%	5%
分辨率	0.1V/m	1nT

(a) 仪器安装情况

(b) 监测结果展示

图 1-5 OS-8 型电磁环境在线监测系统实景

1.3.4 无人机载系统

无人机搭载工频电磁环境监测设备，并进行系统集成和优化，能组建工频电磁环境无人机监测系统，可实现技术人员难以到达区域的监测，也能便捷、高效地开展输变电工程周围工频电磁环境三维分布监测，实现工频电场、工频磁场的全方位掌握。

常见如 OS-8 型工频电磁环境无人机监测系统，可同步测量空间位置、温湿度，并同步拍摄高清视频；可根据预设的监测点位信息（高度、距离、测量时长等）全自动完成监测任务，监测期间无人机姿态可自行调整修正，监测结束后自动返航；能根据电磁环境监测数据结合监测位置信息，自动生成电磁环境三维分布图。系统主要技术参数见表 1-13，系统安装的实景见图 1-6。

表 1-13 OS-8 型电磁环境无人机监测系统技术参数

系统参数			
整机质量	3.4kg	专业驾照	不需要
工作温度	−10℃～+50℃	工作湿度	<95%
任务模式	环绕/垂直/水平	飞行时间	1 个电池组 20min
悬停精度	垂直 0.5m/水平 2.5m	抗风性	最大风速 8m/s
飞行高度	120m	飞控距离	3km

续表

探头参数		
项目	工频电场	工频磁场
测量范围	0.8V/m～100kV/m	10nT～10mT
传感器类型	全向/平板	全向/线圈
采数速率	2次/s	2次/s
测量误差	5%	5%
最大过载	120kV/m	12mT
分辨率	0.1V/m	1nT
背景噪声	3V/m	30nT
频率范围	1Hz～100kHz	5Hz～400kHz

图 1-6　OS-7 型电磁环境无人机监测系统

1.3.5　数据处理

应对监测报告的编制、复核、签发等全过程进行质量控制，确保向社会提供科学、公正的监测数据。监测报告必须准确、清晰、有针对性地记录每一个与监测结果有关系的信息。监测报告应执行三级审核制度，审核范围包括监测全流程形成的所有记录，包括但不限于委托书（或合同）、监测方案（及评审记录）、原始记录、数据处理统计方法、报告复核签发记录等。

在输变电工程正常运行时间内进行监测，每个监测点连续测 5 次，每次监测时间不小于 15s，并读取稳定状态的最大值。若仪器读数起伏较大时，应适当延长监测时间。根据仪器的检定/校准情况对 5 次读取的数据进行修正，应使用同现场测量场强强度最接近区段的系数进行修正；根据修正结果再计算出每个监测位置的平均值，作为最终的监测结果。

除监测数据外，应记录监测时的温度、相对湿度等环境条件以及监测仪器、监测时间等；对于输电线路应记录导线排列情况、导线高度、相间距离、导线型号以及导线分裂数、线路电压、电流等；对于变电站应记录监测位置处的设备布置、设备名称以及母线电压和电流等。

随堂感悟（思政元素）

工频电磁场的电场辐射环境监测中还有一个工况核查步骤，即输变电工程电磁环境监测应核查的工况包括电压等级、电流强度、设备容量，线路架线型式和变电站布局等。

首先说明世间万物，每一个结果均有很多外因构成，工况的核查便是通过外因核查监测结果的合理性。另外说明任何一件事的均要有工匠精神去完成，要做到一丝不苟，严丝合缝，要有理性的逻辑思维。

自学评测/课后实训

（选做）完成一次工频电磁场的电场辐射测量。

项目 2

环境电离辐射监测

项目导读

位于某省的某环境监测公司中标了该省的某环境电离辐射监测项目。项目目的在于监控该省主要核设施（待建和已建）是否正常运行以及检验设施运行在周围环境中造成的辐射和放射性水平是否符合国家和地方的相关规定，同时对人为核活动所引起环境辐射的长期变化趋势进行监视。从运行阶段来分可以将电离辐射环境监测分为辐射本底调查、运行辐射环境监测、退役辐射监测。从设施运行状态来分，可分为正常状态环境监测和事故应急监测两类。

任务分解

由一名对环境电离辐射专业知识熟悉的员工担任项目负责人。

一组人员负责核设施周边空气介质的电离辐射监测。

一组人员负责核设施周边水体介质的电离辐射监测。

一组人员负责核设施周边土壤介质的电离辐射监测。

一组人员负责核设施周边生物样品的电离辐射监测。

一组人员负责核设施周边环境 γ 辐射剂量率的测量。

一组人员负责核设施周边环境样品的总 α、总 β 放射性监测。

任务 2.1　认识环境电离辐射

任务引入

刘工有多年的环境电离辐射监测经验，公司拟派刘工为项目负责人，近期对员工进行环境电离辐射基本知识培训，通过培训考核挑选出项目的骨干成员。

知识目标	能力目标	素质目标
1. 认识环境电离辐射的分类。 2. 认识环境电辐射的危害。 3. 掌握环境电离辐射常用的辐射量。 4. 掌握环境电离辐射监测的基本原理。	1. 能解答公众对环境电离辐射的各种疑问，消除公众对我国核电事业发展的误解。 2. 能针对不同的电离辐射种类给出对应的防护手段。 3. 能针对不同的电离辐射种类选择对应的监测方法。	1. 认识生态文明建设的重要性。 2. 科技服务于社会、造福于人民。 3. 树立科学的求真求实意识。

2.1.1 电离辐射概念及其分类

核辐射粒子污染又称为放射性污染或电离辐射污染。物质向外释放粒子或者能量的过程称为辐射；辐射出的粒子能使物质发生电离，称为电离辐射。能发出电离辐射的物质一般有放射性核素、加速器和 X 射线装置等。放射性核数会自发地向外释放 α 粒子、β 粒子和 γ 粒子，称为 α 衰变、β 衰变和 γ 衰变（γ 跃迁）。

（1）α 衰变

放射性核数自发地向外辐射出一个氦核 ^{4}He，称为 α 粒子，α 粒子带有两个单位的正电荷。α 衰变主要发生于核子数大于 209 的核数，这取决于核数的稳定性。

$$ {}_{Z}^{A}X \longrightarrow {}_{Z-2}^{A-4}Y + {}_{2}^{4}He \tag{2-1}$$

原子核内部能级是确定的，每次衰变的能量是确切的，这一部分能量由子核 Y 核 α 粒子分配，根据动量守恒和能量守恒可以确切地得到 α 粒子的能量。测量 α 粒子能谱时可以得到一些单能的特征线谱。

由于 α 粒子是重带电粒子（带电量高，质量大），与物质的相互作用主要是靠电离作用，且单位行程的电离能损失率很大。因此 α 粒子的穿透能力很弱，一般外照射的危害可以忽略。但由于粒子能量会在很短的射程内沉淀在物质中，因此要十分注意 α 粒子的内照射，这也是防护 α 粒子的重点。

（2）β 衰变

原子核自发地向外辐射出电子（正电子或者负电子）的现象称为 β 衰变。β 衰变激活涵盖了所有元素，不过人造核数会表现更加明显。β 衰变的原子核反应一般有三种。

$$ {}_{Z}^{A}X \longrightarrow {}_{Z+1}^{A}Y + e^{-} + \bar{\nu}(\beta^{-}\text{衰变}) \tag{2-2}$$

$$ {}_{Z}^{A}X \longrightarrow {}_{Z-1}^{A}Y + e^{+} + \nu(\beta^{+}\text{衰变}) \tag{2-3}$$

$$ {}_{Z}^{A}X + e^{-} \longrightarrow {}_{Z-1}^{A}Y + \nu\,(\text{轨道电子俘获 EC}) \tag{2-4}$$

其中 ν 和 $\bar{\nu}$ 是中微子和反中微子。虽然原子核这种衰变的结合能损伤是确定的，但这两种方式释放的 β 粒子的能量都是连续分布的，原因是能量和动量在子核、β 粒子和中微子之间分配。β 粒子的能量取决于三者之间的动量夹角和大小。

由于 β 粒子（电子）质量很小，在与物质相互作用时，其单位射程的电离损失率不高，且原子核的库仑力给予的加速度很大，所以 β 粒子的能量主要是通过与作用物质原子核之间的轫致辐射形式释放。轫致辐射出的 X 射线能量大小与靶核的原子序数有关，原子序数越大释放的 X 射线能量越高，反之越小。因此在防护 β 射线时切忌用高原子序数物质防护，不然将得不偿失。β 粒子进入物质时会与大量核外电子发生碰撞，因此其运行轨迹也十分“曲折”，所以防护 β 粒子一般用几毫米的铝片足以。

（3）γ 衰变

放射性核素原子核从自身的激发态跃迁到基态或低能态的过程会释放出 γ 光子，这个过程称为 γ 辐射。γ 辐射源常见于重核，一般的 α 衰变和 β 衰变都会伴随着 γ 辐射，因为 α 衰变或者 β 衰变的子核 Y 常处于激发态。

$$ {}_{Z}Y^{*} \rightarrow {}_{Z}Y + \gamma(Y^{*}\text{表示原子核处于激发态}) \tag{2-5}$$

γ 衰变属于原子核的能级跃迁，与特征 X 射线类似（特征 X 射线属于原子核外电子的能级跃迁)，不同核素释放的γ光子的能量不同而且是确定的，γ光子的能量大多在10^3～10^6eV之间。因此γ光子的能谱可以用于核素分析。

由于γ粒子与物质的三大相互作用——光电效应、康普顿散射和电子对效应的反应截面都和靶核物质的原子序数正相关，因此在防护γ粒子时采用厚实高原子序数物质，比如铅或者厚实的水泥墙等。γ粒子的穿透能量强所以也没有内照射和外照射之分，在整个电离辐射环境监测或是个人剂量测量中都是十分重要的一种辐射粒子。

2.1.2 电离辐射的危害

放射性物质对人类的危害主要是辐射损伤，所有的放射性都能令被照射物质的原子激发或产生电离。机体受到电离辐射照射后能使生物大分子受到损伤，如脱氧核糖核酸（DNA）和蛋白质分子等。射线通过电离作用破坏分子结构为直接作用，射线通过电离产生的一些原子基团去影响分子结构为间接作用。

电离辐射的生物效应有不同的分类方法，按效应出现的时间可分为近期效应和远期效应。前者出现时间由几天至几个月，如急性放损，后者出现时间由几年到几十年，如癌、白内障、辐射遗传等。辐射按效应发生规律的性质可分为确定性效应、随机性效应。

（1）辐射确定性效应

当辐射能力过高，使得机体大量细胞死亡或者凋亡而导致器官功能丧失的现象称为辐射确定性效应。确定性效应是当剂量超过某个阈值才会出现的效应，不同的组织阈值不同，随着辐射剂量的增加，效应的严重程度也会增加。

确定性效应的阈值一般都很大（远大于国家规定的剂量限值），除了有控制的医学照射外，大剂量的工作场所是不会出现的。因此确定性效应在正常的工作环境中只在突发的核应急或者核事故中有可能出现。

（2）辐射随机性效应

当辐射剂量低于确定性阈值时，辐射对机体细胞的破坏是不确定的，这种破坏一旦产生一般以改变细胞基因表达的形式出现，比如使正常的细胞变为癌细胞或者使正常的组织发生畸变（胎儿），这种效应称为辐射的随机性效应。辐射随机性效应的严重程度不受辐射剂量大小的影响，剂量的大小只会影响发生病变的概率。剂量越大，概率越大，在确定性阈值以下基本按线性关系递增。所以即使人类不从事与核辐射相关的工作也会暴露在本底照射之下，辐射随机性效应依然存在。

2.1.3 电离辐射源

人类接受的辐射照射主要来源于天然辐射源和人工辐射源两类。广大公众（指除辐射工作人员以外的所有其他社会成员，包括离开工作岗位后的辐射工人员）可能更关注人工辐射源对人类的照射，但无论是公众人员还是职业人员所接收到的辐照中绝大部分来源于天然辐射源。

（1）天然放射源

天然辐射源包括宇宙射线和天然存在的放射性核素。宇宙射线是指来自外太空的高能射线，绝大部分初级宇宙射线会在大气层中被吸收，能到达地面的大多是次级宇宙射线。宇宙射线对人类的辐照强度与海拔有关，海拔越高，剂量率越大，宇宙射线的照射约占人类所受本底照射的 40%左右。宇宙射线还能与大气发生作用产生感生放射性核素，例如^{3}H和^{14}C等。

除了宇宙射线和由宇宙射线引起的感生放射性核素外，来自地球本身，与地球同寿的天然放射性核素称为原生放射性核素，也是人类核能开发利用的重要核素。主要包括^{238}U（铀系）、^{232}Th（钍系）、^{235}U（锕系）三大天然放射性系和非系列天然性核素如^{40}K和^{89}Rb等，其中对人类辐射贡献最大的是三个天然放射性系。

铀系从^{238}U开始，经过 14 次连续衰变，最后稳定到^{206}Pb，该系成员质量数均满足关系 $A=4n+2$，也称之为 $4n+2$ 系。钍系从^{232}Th开始经过 10 次连续衰变最后稳定到^{208}Pb，该系列成员质量数均满足关系 $A=4n$，故也称之为 $4n$ 系。锕系从^{235}U开始经过 11 次连续衰变，最后稳定到核素^{207}Pb，由于^{235}U俗称锕铀，因此称该系为锕系，其系成员质量数均满足关系 $A=4n+3$，所以也成为 $4n+3$ 系。

三个天然放射性系的母核半衰期都十分长，最短的^{235}U有 7.03×10^{8}a，最长的^{232}Th有 1.41×10^{10}a，^{238}U也有 4.468×10^{9}a 的半衰期。这也是在长达数十亿年的地球演化过程中这些核素依然存在自然界中的原因。三大天然放射性系还有两个共同点：一是最后都稳定在 Pb 这种核素，二是在整个衰变链中均有放射性气体 Rn 出现，Rn 是唯一一种会释放出 α 粒子的气体放射性核素。

（2）人工放射源

从环境监测所关心的角度来看，环境中的人工放射性主要来源于核试验沉降、核燃料循环和核能生产、放射性同位素和射线装置生产与应用、放射性物质或核设施的核事故等。人工放射性核素对工作人员的照射称为职业照射，对公众的照射称为公众照射。根据国家法律法规规定，职业照射剂量当量五年平均不得超过 20mSv/a，单年最高不得超过 50mSv/a；公众照射剂量当量率不得超过 1mSv/a。

人工放射源其中一个重要来源便是核设施（核电站）。核设施辐射环境监测的监测对象和分析项目也是十分庞大的，几乎涵盖了环境监测的所有对象，大体可归结为表 2-1。

表 2-1　辐射环境监测对象及其分析项目

采样媒介	监测对象	分析项目
大气	气溶胶	总 α、总 β、γ 核素分析
	气体	^{3}H、^{131}I、Rn 和^{14}C等
	沉降物	^{90}Sr、γ 核素分析、总 α、总 β
	降雨	^{3}H、γ 核素分析
	陆地 γ 辐射剂量	γ 辐射空气吸收剂量率
水	地表水	^{3}H、γ 核素分析
	地下水	^{3}H、γ 核素分析
	饮用水	总 α、总 β、^{3}H、^{40}K、γ 核素分析
	海水	^{3}H、γ 核素分析
土壤	底泥	^{90}Sr、γ 核素分析
	土壤	^{90}Sr、γ 核素分析
	潮间带土、岸边沉积物	^{90}Sr、γ 核素分析
生物	水生物	γ 核素分析
	陆地植物	γ 核素分析
	家畜、家禽	γ 核素分析
	指示生物	特征核素、γ 核素分析

2.1.4 常用的辐射量

（1）活度

活度是指单位时间内放射性核数衰变的个数，记作 A，单位是 Bq（贝可），1Bq＝1 个/s。活度还有一个常用单位叫居里（Ci），$1Ci=3.7\times10^{10}Bq$。

（2）半衰期

半衰期是指某种放射性核数衰变到还剩其放射性核数一半所需要的时间，记为 $T_{1/2}$。

（3）衰变常数

反应核数衰变概率的一个量叫衰变常数，不同的核数衰变常数是唯一且固定的，记为 λ。关于活度、衰变常数与半衰期有以下关系：

$$N=N_0e^{-\lambda t} \tag{2-6}$$

$$A=\lambda N=A_0e^{-\lambda t} \tag{2-7}$$

$$T_{1/2}=\frac{\ln2}{\lambda} \tag{2-8}$$

式中，N 为核素的原子数目；N_0 为核素初始时刻的原子数目；λ 为衰变常量，s^{-1}；A 为 t 时刻的活度，Bq；A_0 为初始时刻的活度，Bq。

（4）截面

反映某种相互作用的概率大小称为截面，可严格定义为通过单位面积上的有效碰撞粒子个数。

（5）粒子能量

描述粒子或射线的能量大小，记作 E，单位常用 eV，$1eV=1.6\times10^{-19}J$。对于粒子，如 α 或者 β 等，能量指他们的动能：

$$E=\frac{1}{2}m\nu^2 \tag{2-9}$$

X 和 γ 光子的能量是指：

$$E_\gamma=h\nu \tag{2-10}$$

式中，h 是普朗克常量，$h=6.626\times10^{-34}J\cdot s$，$\nu$ 是光子的频率。

（6）注量和注量率

注量是指通过单位面积上的粒子或者光子数目，用符号 ϕ 表示，单位 m^{-2}。单位时间内通过单位面积上的粒子或光子数目称为注量率，记为 ψ，单位 $m^{-2}\cdot s^{-1}$。

（7）照射量

照射量是指 X、γ 这类不带电光子在单位质量的空气中所电离出的总电荷量，记为 X，单位 $C\cdot kg^{-1}$。照射量引入之处单位用的是伦琴（R），$1R=2.58\times10^{-4}C\cdot kg^{-1}$。

（8）比释动能

比释动能是指不带电粒子（X、γ 粒子和中子等）在单位质量的吸收介质中产生的带电粒子的初始动能总和，用符号 K 表示，单位为戈瑞（Gy），$1Gy=1J\cdot kg^{-1}$。

（9）吸收剂量

吸收剂量是指电离辐射粒子在单位质量的任意吸收介质中能量沉积的大小，用符号 D 表示，单位 Gy，1Gy＝1J/kg。由于同一种粒子与不同介质的反应截面不同，因此不同的物质对同一种粒子的吸收剂量是不同的。

（10）剂量当量

不同粒子与物质相互作用的机制不同，即使在相同介质中产生一样的吸收剂量，其危害程度也是不一样的，例如 α 粒子和 γ 粒子产生相同的吸收剂量，但 α 粒子的危害程度远远大于 γ 粒子。为了表示不同粒子对人体某组织或器官所产生的生物效应，提出剂量当量的概念。定义某类型辐射粒子 R 在某组织 T 中产生的剂量当量 H_{TR} 等于该辐射类型在组织中的吸收剂量 D_{TR} 乘以该辐射类型的品质因 Q_R。

$$H_{TR}=D_{TR}Q_R \tag{2-11}$$

剂量当量一般用符号 H 表示，单位用希（沃特）Sv，1Sv＝1J/kg。不同辐射粒子的品质因子 Q 见表 2-2。

表 2-2 不同辐射类型的品质因子

辐射类型	粒子能量	品质因子 Q
x、γ 光子	所有能量	1
α 等重带电粒子	所有能量	20
β、μ 粒子	所有能量	1
中子	小于 10keV	5
	10keV～100keV	10
	100keV～2MeV	20
	2MeV～20MeV	10
	大于 20MeV	5

（11）有效剂量

在人体全身受到均匀照射情况下，考虑到不同组织的自我修复能力和生物效应不同，应当给予不同组织一个照射的权重因子 W_T。有效剂量 E 指人体所有组织的剂量当量 H_T 与该器官的权重因子 W_T 的乘积之和，单位 Sv。

$$E=\sum W_T H_T \tag{2-12}$$

组织权重因子 W_T 由国际辐射防护委员会（ICRP）提出，不同组织的权重因子见表 2-3。

表 2-3 不同组织的权重因子

组织或器官	权重因子 W_T	组织或器官	权重因子 W_T
性腺	0.2	肝	0.05
(红)骨髓	0.12	食道	0.05
结肠	0.12	甲状腺	0.05
肺	0.12	皮肤	0.01
胃	0.12	骨表面	0.01
膀胱	0.05	其余组织或器官	0.05
乳腺	0.05		

不同辐射类型同时作用于人体时，有效剂量 E 可使用双重加权算法：

$$E=\sum_{R} Q_R \sum_{T} W_T D_{TR}=\sum_{T} W_T \sum_{R} Q_R D_{TR} \tag{2-13}$$

剂量的使用一定要严谨，很多时候剂量的使用十分笼统，应根据其定义确定所用剂量是指吸收剂量、剂量当量、有效剂量中的哪一个，甚至有可能是指照射量或者比释动能等。在辐射环境监测中还经常遇到剂量率，剂量率是指单位时间内所收到的剂量值，单位 Gy/h 或者 Sv/h。

2.1.5 电离辐射粒子与物质的作用原理

各种核辐射的探测是以其与物质的相互作用为基础的，本节只对常见的α、β、γ粒子和中子与物质的相互作用加以说明，重点是β粒子和γ粒子与物质的相互作用机理，这也是环境监测和防护的主要辐射对象。

（1）带电粒子与物质的相互作用

α粒子和β粒子属于带电粒子，带电粒子与物质的相互作用主要有三种：电离和激发、非弹性碰撞、弹性碰撞。其中，主要作用方式是电离和激发，这也是最常用的探测带电粒子方法的主要物理基础。

① 电离和激发：带电粒子与核外轨道电子之间存在库仑相互作用，发生非弹性碰撞，导致带电粒子损失能量、物质原子被电离或激发。

② 非弹性碰撞：带电粒子与物质原子核之间存在库仑相互作用，发生非弹性碰撞，使入射带电粒子的速度和运动方向发生变化，同时产生电离辐射（轫致辐射、轫致X射线）。

③ 弹性碰撞：带电粒子与物质原子核之间存在库仑相互作用，发生弹性碰撞（弹性散射），致使入射带电粒子改变运动方向并损失能量，但不辐射光子，也不激发原子核，而是原子核收到反冲而获得能量，使晶格原子发生位移、形成缺陷，即造成物质辐射损伤。

一定能量的带电粒子进入物质后，通过多次非弹性碰撞和弹性碰撞过程，其动能逐步减小，带电粒子被慢化，如果物质层较薄，粒子将穿出物质，如果物质层够厚，粒子将损失全部能量而被吸收。

（2）带电粒子的能量损失

带电粒子射入物质后，其能量损失与带电粒子和吸收物质的性质有关，把带电离子在单位路径上所损失的能量称为能量损失率。通常，通过以下两种方式损失能量。

① 电离损失：带电粒子与物质的原子核外电子发生库仑相互作用，能量被转移给电子，若电子获得的能量较低，则只会从较低的能量状态上升到较高的能量状态，即原子被激发；若电子获得的能量较高，则会脱离原子的束缚而成为自由电子、原子则失去电子成为正离子。入射带电粒子产生一个离子对（电子＋正离子）所消耗的平均能量称为平均电离能。入射带电粒子在物质中的通过路径上生成大量的离子对，包括入射粒子直接产生的离子对（称为初级电离）和电离产生的高速电子再次与物质相互作用产生的离子对（称为次级电离）。入射粒子的电荷越多，则其能量损失越大、穿透本领也就越弱，电离损失率与物质的种类和状态关系不大，仅与入射粒子的电荷和能量相关。

② 辐射损失：快速电子通过物质时，原子核电磁场使电子动量改变并发射出电磁辐射（即轫致辐射、轫致X射线）而损失能量。辐射损失率与电子及其产生相互作用的物质的原子序数的平方成正比，因此，高速电子入射到重元素物质中时更容易产生轫致辐射。

（3）带电粒子在物质中的射程

带电粒子与物质相互作用，不断损失能量，它们与物质相互作用后不再作为自由粒子而存在的现象称为吸收。带电粒子从进入物质直到被吸收，沿入射方向所穿过的最大距离，称为射程。对于具有连续能谱的β射线，其主要部分在物质中的吸收曲线近似为指数衰减形式。

（4）X和γ射线与物质的相互作用

X和γ射线本质上是一种电磁波，它们在物质中没有直接的电离和激发效应，而是主要以三种方式与物质发生相互作用：光电效应（如图 2-1）、康普顿散射（如图 2-2）、电子对产生效应（如图 2-3）。

① 光电效应：光子通过物质时与物质原子相互作用，光子被原子吸收、原子发射轨道电子的现象，称为光电效应，也称为光电吸收，光电效应产生的电子称为光电子。光电效应通常会伴随产生特征 X 射线。光电效应是较低能量光子的主要作用方式，同时，重元素（高原子序数，即高 Z 值）的光电效应比轻元素的强很多，因此，许多探测器都使用高 Z 材料来制作，同样，这也是通常选择高 Z 材料如铅等进行 γ 射线屏蔽的主要原因。

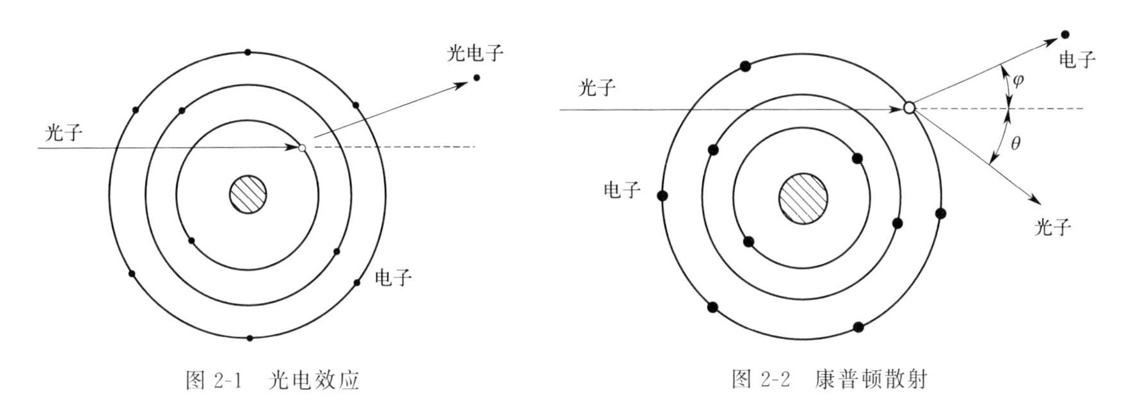

图 2-1 光电效应　　图 2-2 康普顿散射

② 康普顿散射：入射光子与物质原子的核外电子发生作用，入射光子改变运动方向并将部分能量传递给核外电子，电子获得能量从原子中飞出的现象称为康普顿散射，通常当入射光子能量接近或超过 m_ec^2 时才发生康普顿散射。从原子中飞出的反冲电子称为康普顿电子，改变运动方向并损能后的入射光子称为散射光子，散射光子和反冲电子存在一一对应的关系。康普顿散射主要发生在中能光子和低 Z 值元素原子之间，对于典型的放射性同位素源的 γ 射线能量，康普顿散射是主要的相互作用机制。

③ 电子对生成效应：当 γ 光子能量大于 1.02MeV 时，光子在经过物质原子核附近时，与原子核发生电磁相互作用，光子消失，而产生一个电子和一个正电子，即电子对，这种现象称为电子对产生效应。产生的电子会被物质最终吸收掉（参见前述的带电粒子与物质的作用），而产生的正电子最终会与物质中的电子发生湮灭作用，正电子消失，同时产生两个能量各为 0.511MeV 的 γ 光子。电子对效应多发生在高能光子和高 Z 元素之间。

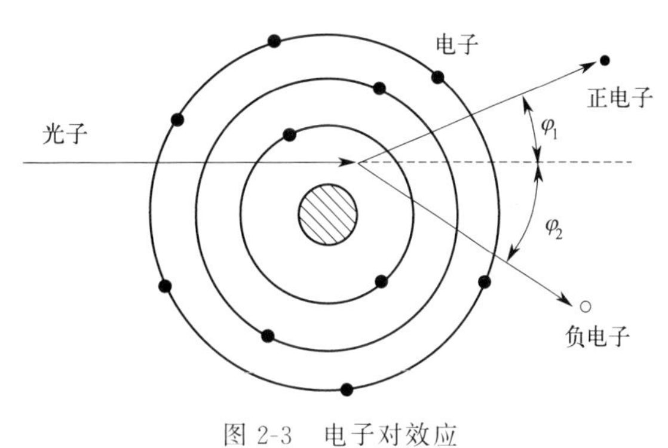

图 2-3 电子对效应

2.1.6 电离辐射探测原理

绝大多数辐射探测器都是利用电离和激发效应来探测入射粒子的。常用的探测器主要有气体探测器、闪烁体探测器和半导体探测器三大类。气体探测器是利用射线在气体介质中产生的电离效应，产生相应的感应电流脉冲；闪烁体探测器是利用射线在闪烁物质中产生的发光效应；半导体探测器是利用射线在半导体中产生的电子和空穴。此外，还有利用离子集团作为径迹中心所用的核乳胶、固体径迹探测器等。

（1）气体探测器

利用射线在工作气体中产生的电离现象，通过收集气体中产生的电离电荷来记录射线的探测器，被称为气体探测器（电离型检测器）。射线通过气体介质时，由于与气体的电离碰撞而逐渐损失能量，最后被阻拦下来，其结果是使气体的原子、分子电离和激发，产生大量的电子离子对。工作原理图可简化为图 2-4。

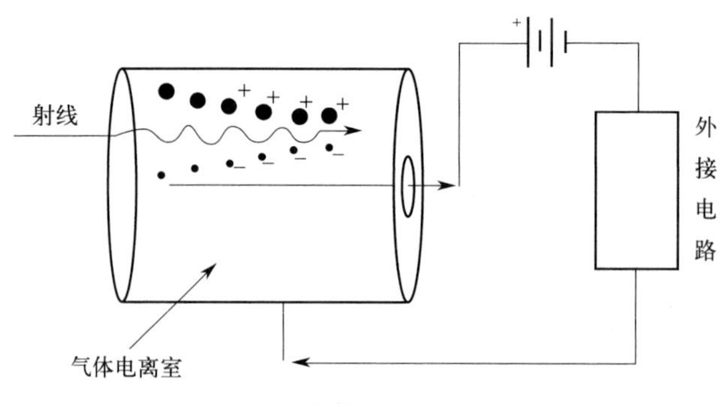

图 2-4　气体探测器示意图

射线进入探测器的电离可分为初级电离和次级电离两部分。初级电离是指入射粒子与气体原子或分子碰撞直接产生离子和电子。次级电离是指初级电离出的电子自身具有较高的能量，或者在电离室的工作电压加速下获得能量之后又足以电离其他气体介质，产生离子电子对。通过极板收集电离所产生的电子，在输出端产生感应脉冲达到探测目的。

气体探测器的工作电压会影响电离室的工作状态，根据其特定的工作状态可制作出不同类型的探测器，如正比计数器、G-M 计数管、气体电离室等。气体探测器感应脉冲幅度与工作电压的关系可分为五个区，如图 2-5 所示。

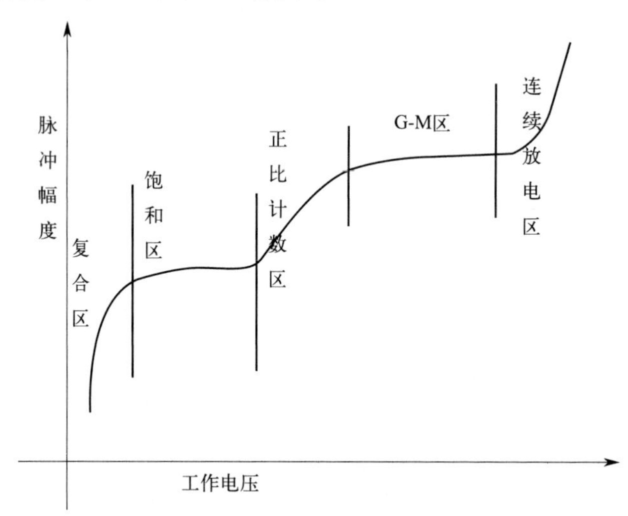

图 2-5　气体探测器感应脉冲幅度与工作电压的关系

第一个区域叫复合区，这个区域的工作电压较低，射线初级电离所产生的电子离子对受到的外部库仑力小于它们自身的吸引力而产生复合。随着工作电压的增加，复合概率变低，外回路的感应电流变大，但总体而言这个区域所输出的脉冲幅度很低且规律难寻，探测器不会工作在这个区域。

第二个区域称为饱和区，随着工作电压的增加，离子电子对复合消失，且工作电压作用在离子或电子上的能量又不足以产生次级电离，这时脉冲幅度区域稳定饱和。脉冲幅度与初级电离的电荷数是成正比的，同时脉冲幅度受工作电压影响很小，对其稳定性要求不高。一般的气体电离室探测器就工作在这个区域。

第三个区域称为正比计数区，当工作电压继续增加，使得初级电离的电子在电场作用下获得的能量越来越大，足以产生次级电离，次级电离在电场加速下继续产生电离现象，这种雪崩效应可让离子对数目增至 $10\sim10^4$ 倍。这种现象称为气体放大，放大系数随电压增加而增加，基本与工作电压呈线性关系。正比计数器的工作电压就在这个区域。值得注意的是，电压继续增加，气体放大系数不再是一个与工作电压线性相关的值，这个区域也叫有限正比区，不能作为探测器的工作区域。

第四个区域称为 G-M 区（或盖勒区），这时工作电压继续增加但气体放大系数趋于稳定。只要入射粒子在探测器灵敏体积内产生一对离子电子对，就会形成脉冲，输出脉冲的幅度与入射粒子初级电离的量无关，也就是与入射粒子的能量无关。G-M 计数管工作在这个区域。

第五个区域称为连续放电区，继续增加工作电压，这时工作电压足以击穿工作气体，一旦工作气体稍有扰动便会击穿工作气体产生连续放电现象。这个区域不能作为探测器的工作电压。

电离室、正比计数器和 G-M 计数管都属于气体探测器，只是工作电压不同。在不同的探测要求下选择合适的探测器，电离室和正比计数器所产生的脉冲幅度与入射粒子能量有关，所有可以用于能量测量；G-M 计数管输出幅度大，便于甄别但输出幅度与入射粒子能量无关，因此只能用于粒子数量的测量。

（2）闪烁体探测器

闪烁体探测器是利用离子进入闪烁体后使其原子、分子电离和激发，闪烁体激发态能级寿命极低，退激时产生大量荧光光子，荧光光子通过光导打到光电倍增管光阴极上，光阴极与荧光光子发生光电效应转换成光电子，光电子通过光电倍增管加速、聚焦、倍增，大量的电子在阳极负载上建立起幅度足够大的脉冲信号。脉冲信号经过后续的前置放大器、脉冲放大器多道能谱进行处理与分析。整个工作流程可参考图 2-6。

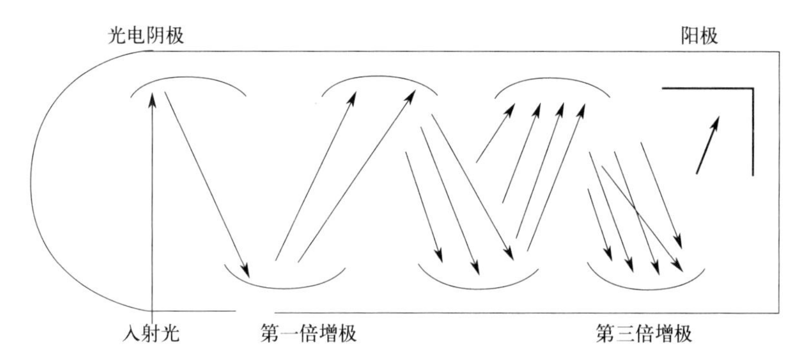

图 2-6　闪烁体探测器工作原理示意图

归结起来，闪烁计数器的工作可分为五个相互联系的过程：

① 射线进入闪烁体，与闪烁体的原子、分子发生相互作用，产生电离和激发。

② 受激发的原子退激时发出荧光光子。

③ 利用反射弧线光导将荧光子尽可能地收集到光电倍增管的光阴极上，发生光电效应，产生光电子。

④ 光电子在光电倍增管中放大倍增，数量可放大 $10^4 \sim 10^9$ 倍，电子流在阳极负载上产生电信号。

⑤ 此信号通过后续电子学仪器记录分析。

闪烁探测器根据闪烁体类型可分为有机闪烁体和无机闪烁体。闪烁体探测器的探测效率较高，塑料闪烁体价格便宜，可广泛使用，还可塑造成各种形状和尺寸。但是在使用时一定要保护探头的密封性，避免曝光。

（3）半导体探测器

半导体探测器实际上是一种固体二极管式电离室，利用 PN 结形成电子-空穴对，在外接电压的作用下，PN 结会形成一个内部电场称为耗尽区，如图 2-7 所示。射线进入耗尽区时，形成电子-空穴对，电子-空穴对的方向运动在外电路中产生一个感应脉冲信号，通过对脉冲信号的记录分析测得射线的基本信息。其原理与气体探测器的电离室非常类似。

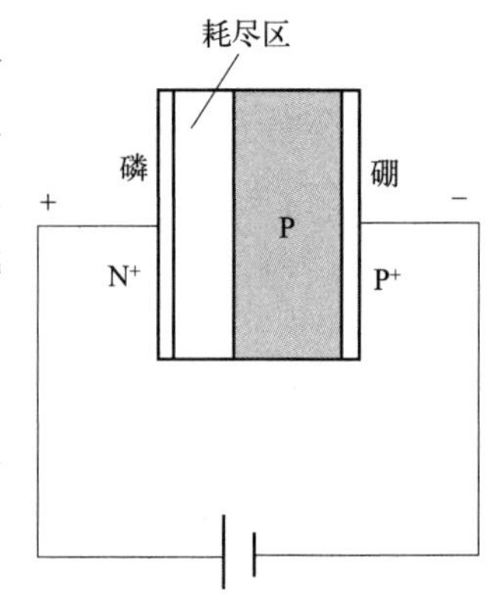

图 2-7　半导体探测器基本结构

半导体探测器目前使用比较多的有高纯锗探测器、面垒半导体探测器等。相比较气体探测器，半导体探测器有着十分显著的优缺点。优点是体积小，对所有射线粒子的能量分辨率好，对 γ 射线探测效率高，灵敏体积可根据用途选择。缺点是工作环境要求苛刻，一般需要在液氮中保存或工作，造价和使用费用昂贵，不利于普及，携带也极其不方便。因此一般便携式的探测器多以气体探测器和闪烁体探测器为主。

随堂感悟（思政元素）

微观的辐射粒子种类有很多，且都难以被探测，能被探测到的粒子都能与靶物质发生相互作用释放能量，但有些粒子，如 μ 子，能量很高但难以被精确测量。人亦是如此，每个人在人类历史的进程中微不足道。一个人要承担起自己角色的责任，可能是一位学子、一名父亲或一名教师等等，只要你尽责地释放了自己的能力，家人朋友都会认可你。

自学评测/课后实训

1. 电离辐射一般分为哪几种辐射类型？不同辐射类型的防护要点是什么？
2. γ 射线与物质的相互作用有哪几种？
3. 探测器类型按原理可分为哪几种？

任务 2.2　分析空气中的放射性核素

任务引入

刘某有多年的环境电离辐射监测经验，公司拟派刘某为项目负责人，加快推进核设施周围区域空气中的放射性核素的分析项目，项目主要内容包含样品采集、制备以及分析。

知识目标	能力目标	素质目标
1. 掌握空气中放射性核素样品的采集。 2. 掌握空气中放射性核素样品的制备。 3. 掌握空气中放射性核素样品的监测仪器。 4. 掌握空气中放射性核素样品的质量保证。 5. 掌握空气中放射性核素样品的数据处理。	1. 能掌握空气中放射性核素样品的采集及制备方法。 2. 能使用监测仪器进行样品分析。 3. 能掌握空气中放射性核素样品的质量保证以及数据处理。	1. 能严格遵守现场监测规范要求。 2. 能正确表达自我意见，并与他人良好沟通。 3. 具有社会主义核心价值观；形成实事求是的科学态度、严谨的工作作风，领会工匠精神；不断增强团队合作精神和集体荣誉感。

2.2.1 样品的采集

空气中放射性核素样品主要测定环境 γ 剂量率以及空气中的气溶胶和碘。

（1）环境 γ 剂量率

按 22.5°方位角，近密远疏，方位交错原则布点。在人口稀少的地区减少测量点，在人口稠密的居民区增加测量点，在核电厂风频下风向设置测量点。此次项目以核设施厂址为中心共设置了 43 个点，其中 0～2km 内有 4 个点，2～5km 内有 3 个点，5～10km 内有 8 个点，10～20km 内有 16 个点，20～40km 内有 12 个点。在这些点位中，草地 13 个，水泥路 17 个，田地 9 个，沙地 1 个，砂石 1 个，砂土 1 个，田间土路 1 个。环境 γ 剂量率监测对象见表 2-4。在城市中测量时，点位选在离建筑物 30m 处。将探测器固定在离地 1m 处的支架上，开始测量时，为避免人体对测量结果的影响，测量人员远离探测器至少 1m。每个点测量 24 次，每次测量时间为 30s。

（2）空气中的气溶胶

监测点为 B1、B2 以及 B3。取样器置于侧面有进风口或百叶窗的防雨罩内，距地面 1.5m 高处采样。用过滤法采集空气中的气溶胶。此次项目使用 CF1000 系列气溶胶取样器对空气样品进行采集。此仪器流量率连续可调，可以读取瞬时流量的数据以及累积流量的数据。

表 2-4 环境 γ 剂量率监测对象

序号	地点	方位	地表情况	序号	地点	方位	地表情况	序号	地点	方位	地表情况
1	厂址边界	ENE	草地	18	A17	ESE	水泥路	35	A34	NNW	水泥路
2	A1	NE	草地	19	A18	NE	水泥路	36	A35	NW	水泥路
3	A2	NE	水泥路	20	A19	NNE	水泥路	37	A36	WNW	水泥路
4	A3	NNE	田地	21	A20	WNW	水泥路	38	A37	W	水泥路
5	A4	N	田地	22	A21	ENE	草地	39	A38	WSW	草地
6	A5	NNE	田地	23	A22	N	水泥路	40	A39	SW	草地
7	A6	NE	草地	24	A23	E	草地	41	A40	NNE	水泥路
8	A7	NE	草地	25	A24	ENE	田地	42	A41	SSW	沙地
9	A8	NNE	水泥路	26	A25	NW	草地	43	A42	NE	草地
10	A9	NE	砂石	27	A26	NE	水泥路				
11	A10	ENE	田地	28	A27	N	草地				
12	A11	N	土路	29	A28	NNW	水泥路				
13	A12	SE	田地	30	A29	WNW	水泥路				
14	A13	ESE	草地	31	A30	ESE	水泥路				
15	A14	E	田地	32	A31	E	草地				
16	A15	NNW	田地	33	A32	S	水泥路				
17	A16	W	田地	34	A33	N	砂土				

2.2.2 样品的处理

将气溶胶取样器放置于设有进风口的防雨罩内。样品采集开始时，记录开始时刻，将流量设置为100L/min。50h后，记录样品的收集时刻和采样体积。气溶胶先进行总α、总β测量，然后送入多道室进行测量，7天后再进行总α、总β测量。

2.2.3 监测仪器

本项目过程中涉及到环境γ剂量率监视仪、γ能谱分析仪以及α、β分析仪。

（1）环境γ剂量率监测仪

不同区域γ辐射成分复杂，辐射水平相差较大，因此测量仪器不仅要有较好的能响、较好的稳定性，而且还要便于携带。本项目采用FHZ672E-10便携式γ剂量率仪，此仪器的测量范围为1nSv/h～100μSv/h，相对响应之差<±15%。每次测量前用^{60}Co源检测该仪器的性能。

（2）γ能谱分析仪

本项目γ能谱分析使用的是ORTEC公司的HPGe（高纯锗）探测器。γ能谱仪的系统性能是整个辐射环境监测中的重要影响因素之一。γ能谱仪的性能主要有能量分辨率（常用全能峰高度一半处的峰宽度表示，简称FWHM）、峰康比、相对探测效率以及系统的稳定性。此次研究中选用^{60}Co标准源检验仪器的性能。实测能量分辨率、峰康比及相对效率见表2-5。实测^{60}Co在24h稳定性测量中峰位和峰净面积的变化如图2-8、图2-9所示。

表2-5 实测FWHM、峰康比及相对效率

项目	实测值	保证值
FWHM/keV	1.92	≤1.95
峰康比	73∶1	≥70∶1
相对效率/%	62	≥60

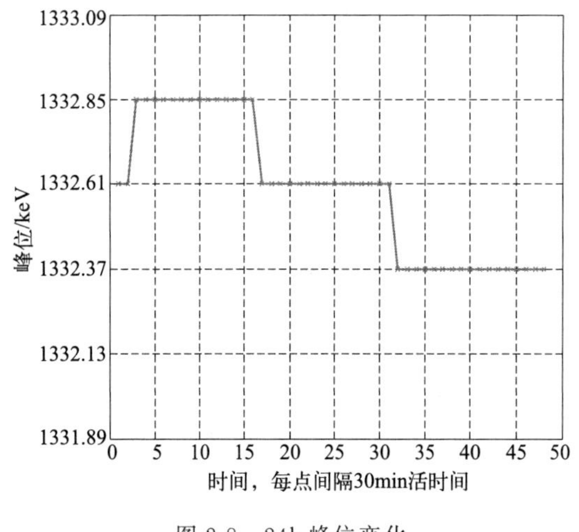

图2-8 24h峰位变化

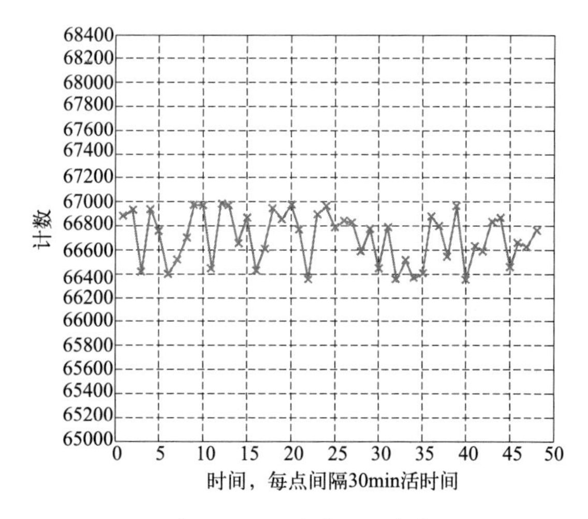

图2-9 24h峰净面积变化

从表2-5看出能量分辨率、峰康比及相对效率均在保证值范围内。从图2-8看出1332.5keV（理论值）的峰位移动值为0.48keV，即0.036%，小于国家标准规定值的0.05%。尽管该系统在开机预热后进行的测量，峰位还是随着昼夜的变化而变化，说明还需要加强温度的监控，以减少峰位的移动。从图 2-9 看到峰面积在 24h 稳定性实验中，没有明显的变化。

使用 γ 能谱仪之前需对其进行能量刻度和仪器的效率刻度：

① 能量刻度：使用 ^{152}Eu 对高纯锗 γ 谱仪进行能量刻度。能量刻度曲线要求呈线性关系，非线性偏离应小于 2%，应用最小二乘法拟合出线性方程式；拟合图如图 2-10 所示。

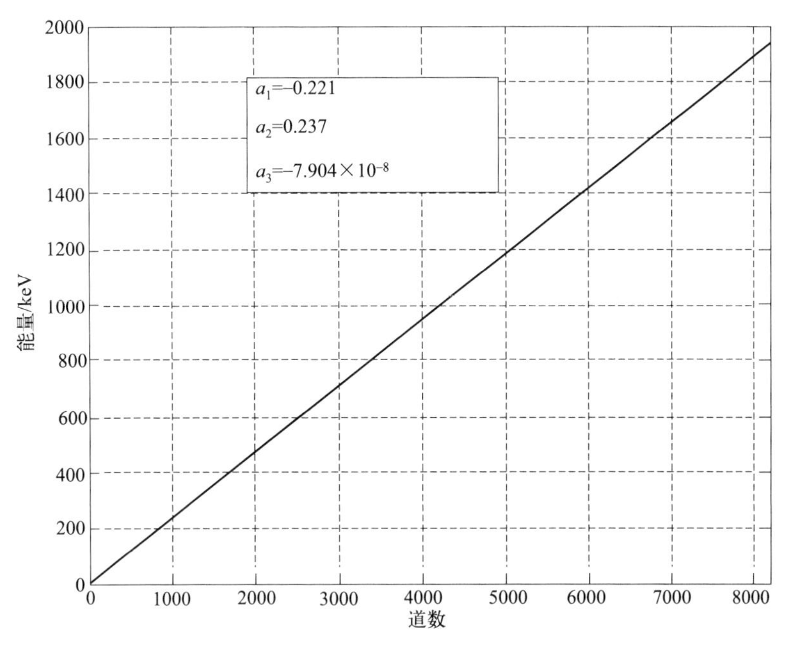

图 2-10 能量刻度曲线

能量与道数的关系式为：

$$E=a_1+a_2C+a_3C^2 \tag{2-14}$$

式中，E 为能量，keV；a_i 为系数；C 为道数。

② 效率刻度：探测效率刻度工作分为两种情况：一种情况为对应刻度，即使用与待测核素同样核素的标准溶液制成标准源进行探测效率的刻度；另一种是对某些待测核素，找不到合适的标准液，只能借助其他核素的标准液刻度得到的探测效率与射线能量变化的曲线，然后通过相关的拟合函数得到相关核素的探测效率。表 2-6 是气溶胶的效率刻度结果，气溶胶效率刻度曲线如图 2-11 所示。

效率/能量的拟合形式有多种，如插值拟合、多项式拟合等。此次研究中采用 6 阶参数的多项式拟合效率。效率-能量方程式为：

$$\varepsilon=e^{\sum_{i=1}^{6}(a_iE^{2-i})} \tag{2-15}$$

式中，E 为能量；$a_1=-0.325642$；$a_2=-3.657596$；$a_3=0.633906$；$a_4=-0.070596$；$a_5=0.003933$；$a_6=-0.000088$。

表 2-6 气溶胶效率刻度结果

核素	能量	半衰期/d	活度	分支比/%	效率
^{241}Am	59.54	157753	3.609×10^3	35.9	2.6297×10^{-1}
^{133}Ba	81	3836.15	1.411×10^3	34.1	1.7836×10^{-1}

续表

核素	能量	半衰期/d	活度	分支比/%	效率
^{109}Cd	88.03	462.6	1.762×10^{4}	3.61	2.7225×10^{-1}
^{57}Co	122.06	271.8	1.360×10^{3}	85.6	2.2857×10^{-1}
^{57}Co	136.47	271.8	1.360×10^{3}	10.68	2.4669×10^{-1}
^{139}Ce	165.85	137.6	1.168×10^{3}	79.886	1.4578×10^{-1}
^{133}Ba	276.4	3836.15	1.411×10^{3}	7.164	4.8635×10^{-2}
^{133}Ba	302.85	3836.15	1.411×10^{3}	18.33	6.0902×10^{-2}
^{51}Cr	320.08	27.7	6.639×10^{3}	10.08	9.3972×10^{-2}
^{133}Ba	356.02	3836.15	1.411×10^{3}	62.05	7.1131×10^{-2}
^{133}Ba	383.85	3836.15	1.411×10^{3}	8.94	7.8152×10^{-2}
^{113}Sn	391.69	115.1	2.065×10^{3}	64	7.6757×10^{-2}
^{85}Sr	514.01	64.84	3.040×10^{3}	96	5.1575×10^{-2}
^{137}Cs	661.66	10975.55	1.393×10^{3}	85.1	4.7194×10^{-2}
^{54}Mn	834.85	312.3	1.571×10^{3}	99.976	4.3416×10^{-2}
^{88}Y	898.04	106.7	9.240×10^{3}	93.7	2.8442×10^{-2}
^{60}Co	1173.24	1923.915	2.263×10^{3}	99.974	2.8502×10^{-2}
^{60}Co	1332.5	1923.915	9.240×10^{3}	99.986	3.3259×10^{-2}
^{88}Y	1836.06	106.7	2.263×10^{3}	99.2	1.9698×10^{-2}

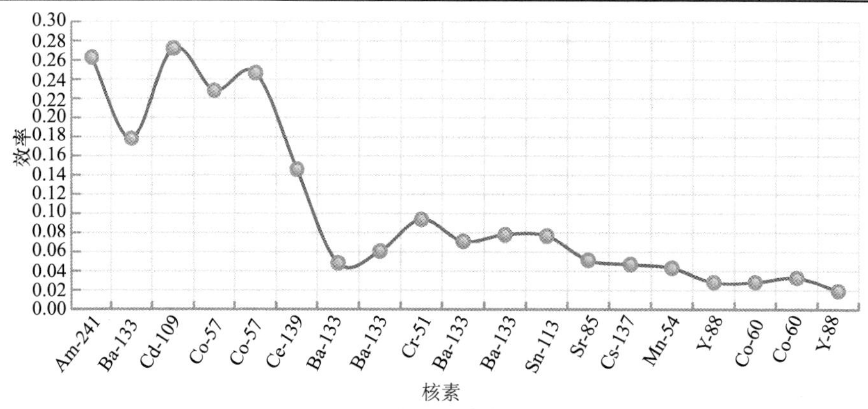

图 2-11　气溶胶的效率刻度曲线

（3）α、β 分析仪

此次样品的 α、β 分析使用的是 MDS-4 气体电离探测器。其工作原理是带电粒子电离或者激发气体，在电离空间置有两个电极，外加电压使其保持一定的电势差，当带电粒子穿过气体时与气体分子碰撞，电离气体分子而形成离子对，在电场中电子向正极方向移动，正离子向负极方向移动，最后被收集，在电子线路上表现为瞬时电压的变化，由后续的电子仪器记录。

使用 MDS-4 仪器前，需分别对 ^{90}Sr 和气溶胶的总 α、总 β 进行效率刻度。

① ^{90}Sr 效率刻度：将锶钇标准源进行相关处理后，送入 MDS-4 测量，进行 ^{90}Sr 的效率刻度。测量 10 次，每次 30min，取其平均值。^{90}Sr 效率刻度结果见表 2-7，效率刻度曲线如图 2-12 所示。

表 2-7　^{90}Sr 效率刻度结果

测量次数	1	2	3	4	5	6	7	8	9	10	均值
测量值/%	42.21	42.05	42.41	42.34	42.42	42.04	42.40	42.16	42.00	42.31	42.23

② 气溶胶的总 α、总 β 效率刻度：将 ^{241}Am 标准平面源放入 MDS-4 进行测量，进行气溶胶总 α 效率刻度。测量 10 次，每次 30min，取其均值。总 α 效率刻度结果见表 2-8，效率

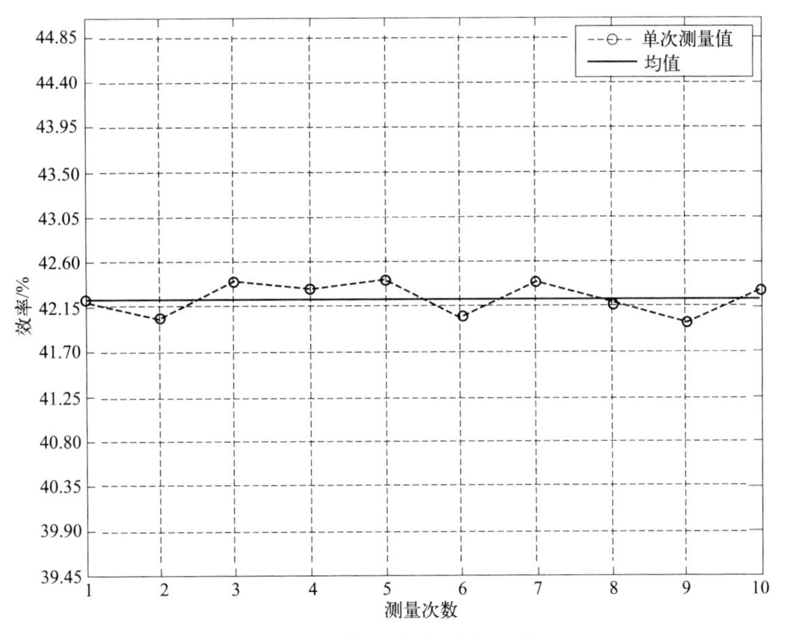

图 2-12 ^{90}Sr 效率刻度曲线

刻度曲线如图 2-13 所示。

将锶钇标准平面源放入 MDS-4 进行测量，进行气溶胶的总 β 效率刻度。测量 10 次，每次 30min，取其均值。总 β 效率刻度结果见表 2-9，效率刻度曲线如图 2-14 所示。

表 2-8 气溶胶总 α 效率刻度结果

测量次数	1	2	3	4	5	6	7	8	9	10	均值
测量值/%	65.85	66.28	65.78	66.23	65.89	65.61	66.30	65.62	66.34	65.70	65.96

表 2-9 气溶胶总 β 效率刻度

测量次数	1	2	3	4	5	6	7	8	9	10	均值
测量值/%	87.00	87.17	86.67	87.17	86.71	86.95	86.00	87.17	86.77	87.14	86.94

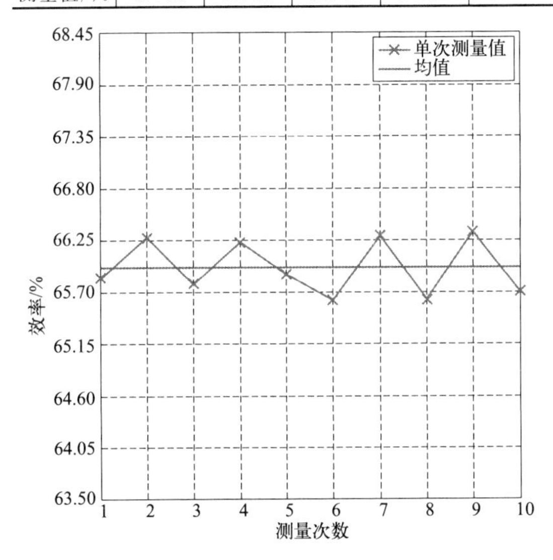

图 2-13 气溶胶总 α 效率刻度曲线

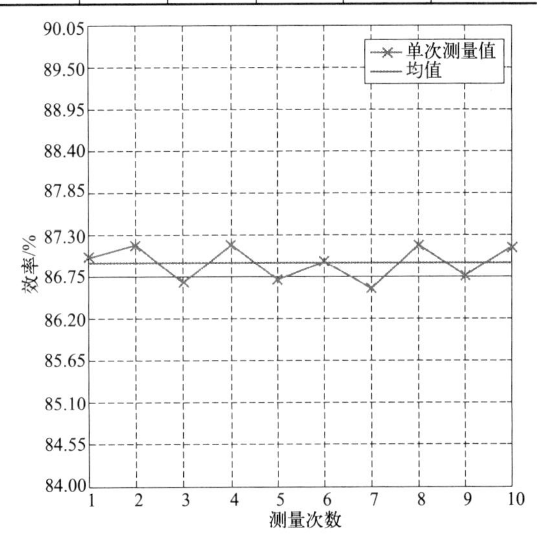

图 2-14 气溶胶总 β 效率刻度曲线

2.2.4 质量保证与数据处理

（1）质量保证

监测过程中的质量保证不仅是环境监测的一个重要环节，也是高水平管理的一个重要方面。因此，辐射环境监测工作的质量保证意义十分重要。

在调查过程中，在质量保证上有以下几个方面：①测量仪器设备通过了省级或省级以上计量部门的检定；②技术路线和调查内容的确定；③严格按照国家相关标准执行样品的处理；④对样品的监测做详细的记录，包括样品的采集时间、种类、封装的高度等参数，测量后存放到样品库中；⑤温湿度的记录；⑥对于γ多道，每天确保用环境中的^{40}K查看谱仪有无道漂，不超过±0.5keV；⑦每月进行仪器性能和稳定性测试；⑧盲样测量。

（2）数据处理

① γ能谱数据处理：

$$C=\frac{N}{T_1 \varepsilon Y \nu K_c K_w K_x} \tag{2-16}$$

式中，C为放射性核素的比活度（Bq/kg）或活度浓度（Bq/L）；N为被测样品该核素在能量E处的净计数；T_1为测量的活时间，s；ε为峰能量处的探测效率；Y为能量分支比；ν为样品质量或体积；K_c、K_w、K_x为时间修正因子。

② 气溶胶总α、总β数据处理：

$$C'=\frac{n_{\mathrm{s}}-n_{\mathrm{b}}}{60\varepsilon_{\mathrm{f}} V} \tag{2-17}$$

式中，C'为气溶胶中总α、总β的浓度，Bq/m^3；ε_{f}为仪器对一定厚度α、β标准源的探测效率；V为采集气溶胶的体积，m^3；n_{s}为被测样品的计数率，次/min；n_{b}为本底的计数率，次/min。

③ ^{90}Sr数据处理：

$$C_1=\frac{\mathrm{N}_{1\mathrm{s}}-\mathrm{N}_{1\mathrm{b}}}{60E_{\mathrm{f}} m Y_{\mathrm{y}} \mathrm{e}^{-\lambda(t_2-t_1)}} \tag{2-18}$$

式中，C_1为样品中^{90}Y的放射性浓度，Bq/kg；$N_{1\mathrm{s}}$为被测样品的计数率，次/min；$N_{1\mathrm{b}}$为本底的计数率，次/min；E_{f}为^{90}Y的探测效率；Y_{y}为钇的化学回收率；m为被测样品的使用量，kg；$\mathrm{e}^{-\lambda(t_2-t_1)}$为$^{90}Y$的衰变修正因子。

④ 探测限：放射性测量不是简单的直接测量，而是测定几个独立量，再通过一定的关系式计算出测定的结果。分析结果y如果是x_1、x_2这两个测量值相加减的结果，即$y=x_1 \pm x_2$，则分析结果的标准差的平方是各测量步骤标准差的平方的总和。即

$$\delta_y=\sqrt{\delta_{x_1}^2+\delta_{x_2}^2}$$

分析结果y如果是x_1、x_2这两个测量值乘除的结果，即$y=x_1 x_2$或$y=x_1/x_2$，则分析结果y的标准差为：

$$\left(\frac{\sigma_y}{y}\right)^2=\left(\frac{\sigma_{x_1}}{x_1}\right)^2+\left(\frac{\sigma_{x_2}}{x_2}\right)^2$$

探测限在考虑第一类错误（α错误）的同时还要考虑第二类错误（β错误），计算式一般为：

$$L_{\mathrm{D}}=4.65\sqrt{N_{\mathrm{B}}} \tag{2-19}$$

式中，L_{D}为最小可探测计数；N_{B}为测量样品的活时间和测量本底的活时间相同情况

下本底的计数。

一些书籍和相关文献资料对公式的推导有所描述，且对探测限和置信度的关系作了分析。此次研究中，对于没有天然本底峰，将按公式计算相关核素的 L_D（N_B 为相关核素的峰下连续谱计数）；对于像 ^{238}U、^{232}Th、^{40}K 等有天然本底峰，由于本底的影响，谱峰将会展宽，计数将会随之增加，L_D 也会受本底峰的影响。下面是此类 ^{40}K 的 L_D 的公式推导：

S_A、S_I、S_B 分别为样品谱中 ^{40}K 的全能峰面积、积分面积、峰下连续谱计数；

B_A、B_I、B_B 分别为本底谱中 ^{40}K 的全能峰面积、积分面积、峰下连续谱计数；

n_D、n_c 分别为最小可探测计数 L_D 和计数误 L_C 的计数率形式；

t_s、t_b 分别为测量样品的活时间和测量本底的活时间；

n_s、n_b 分别为样品的净计数率和本底的净计数率；

K_α、K_β 分别为相应于显著水平 α、β 时的常数，一般取 $\alpha=\beta=0.05$ 时，K_α，K_β 都为 1.645，可以简写为 K。

根据误差的传递规律：

$$n_k=\frac{S_A}{t_s}-\frac{B_A}{t_b}=\frac{1}{t_s}(S_I-S_B)-\frac{1}{t_b}(B_I-B_B)=n_s-n_b \tag{2-20}$$

$$\begin{aligned}\delta_{n_k}&=\sqrt{\delta_{S_A}^2+\delta_{B_A}^2}=\sqrt{\frac{1}{t_s^2}(S_I+S_B)+\frac{1}{t_b^2}(B_I+B_B)}=\\&\sqrt{\frac{1}{t_s^2}(S_I-S_B)+\frac{2S_B}{t_s^2}+\frac{1}{t_b^2}(B_I-B_B)+\frac{2B_B}{t_b^2}}=\sqrt{\frac{n_s}{t_s}+\frac{n_b}{t_b}+\frac{2S_B}{t_s^2}+\frac{2B_B}{t_b^2}}\end{aligned} \tag{2-21}$$

当 $n_k=0$ 时：

$$\delta_0=\sqrt{\left(\frac{1}{t_s}+\frac{1}{t_b}\right)\cdot n_b+\frac{2S_B}{t_s^2}+\frac{2B_B}{t_b^2}} \tag{2-22}$$

$$n_C=K_\alpha\delta_0=\sqrt{2}K_\alpha\sqrt{\left(\frac{1}{t_s}+\frac{1}{t_b}\right)\cdot\frac{B_A}{2t_b}+\frac{S_b}{t_s^2}+\frac{B_B}{t_b^2}} \tag{2-23}$$

再由公式 $n_D-n_C=K_\beta\delta_D$ 和 $\delta_D=\sqrt{\frac{n_D}{t_s}+\delta_0^2}$ 可得到：

$$n_D=K\left(\frac{K}{t_s}+\delta_0\right)+n_C=\frac{K^2}{t_s}+2n_C \tag{2-24}$$

再回到计数形式，得到：

$$\begin{aligned}L_D=n_Dt_s=K^2+2L_C&=K^2+2\sqrt{2}K\sqrt{S_B+\frac{t_s^2}{t_b^2}\cdot B_B+\frac{1}{2}\left(1+\frac{t_s}{t_b}\right)\cdot\frac{t_s}{t_b}B_A}\\&=K^2+2K\sqrt{2S_B+\frac{t_s}{t_b}B_A+(2B_B+B_A)\cdot\frac{t_s^2}{t_b^2}}\end{aligned} \tag{2-25}$$

当样品测量的活时间和本底测量的活时间一致时，即 $t_s=t_b$，L_D 可以简化为：

$$L_D=K^2+2\sqrt{2}K\sqrt{S_B+B_A+B_B}=K^2+2\sqrt{2}K\sqrt{S_B+B_I} \tag{2-26}$$

2.2.5　样品测量结果与分析

（1）环境 γ 剂量率

在核设施周围区域共进行了三次环境 γ 剂量率测量，测量结果见表 2-10。

表 2-10　环境 γ 剂量率监测结果

单位：nGy/h

地点	第1次	第2次	第3次	地点	第1次	第2次	第3次	地点	第1次	第2次	第3次
厂址边界	100.8±3.3	100.8±3.3	100.8±3.3	A18	101.1±4.6	99.9±5.3	94.3±3.1	A36	103.4±3.6	116.1±4.1	107.8±4.5
A1	102.0±4.0	91.3±5.17	104.3±4.2	A19	93.8±3.1	95.3±2.5	88.1±2.4	A37	133.3±4.2	144.0±4.0	114.3±3.4
A2	83.4±5.1	90.8±5.4	106.8±8.0	A20	113.1±4.5	112.9±4.4	124.2±5.4	A38	97.0±3.2	119.3±4.0	100.0±3.2
A3	89.1±3.1	93.1±4.1	77.7±2.2	A21	91.8±4.3	76.9±4.9	72.8±3.5	A39	83.7±2.8	88.0±4.2	85.6±3.2
A4	92.3±3.2	92.5±2.9	78.6±2.8	A22	115.2±3.7	106.6±2.8	100.8±3.3	A40	62.9±3.9	52.9±3.0	48.8±3.0
A5	100.0±3.6	107.8±4.3	105.6±4	A23	92.9±4.0	89.2±4.3	81.0±4.2	A41	101.3±3.4	127.6±4.8	110.9±3.1
A6	86.7±4.2	78.2±4.8	64.9±2.8	A24	100.1±3.7	113.9±2.5	89.7±2.9	A42	73.6±2.8	75.6±2.4	66.4±3.3
A7	91.1±3.2	92.1±4.1	70.1±2.6	A25	133.2±4.5	106.7±5.0	100.0±4.6				
A8	93.1±4.1	79.3±3.6	85.8±2.3	A26	91.7±3.3	92.8±3.5	79.6±3.0				
A9	105.0±3.5	111.6±4.4	100.6±2.8	A27	141.1±3.8	127.6±3.4	132.8±4.4	区域年均值	96.5		
A10	76.7±2.8	69.7±2.0	58.1±3.5	A28	134.3±3.8	120.4±3.6	112.2±4.1				
A11	93.2±3.8	110.9±3.5	81.3±3.4	A29	113.1±4.9	114.1±5.5	111.1±2.9				
A12	105.0±4.5	110.1±5.3	102.1±2.5	A30	84.3±3.5	83.9±4.2	86.2±3.7				
A13	63.9±3.6	71.3±3.5	52.5±3.9	A31	66.4±3.5	75.9±3.7	66.7±2.8				
A14	91.9±5.2	86.1±6.6	79.1±2.7	A32	89.1±3.2	118.4±4.3	103.8±2.2				
A15	112.0±4.4	99.0±3.8	94.2±3.1	A33	110.0±2.5	113.0±5.7	104.0±3.8	区域本底年均值	102.3		
A16	113.0±4.1	82.9±3.1	80.2±3.2	A34	111.1±4.1	100.8±4.7	97.5±3.5				
A17	116.2±3.9	104.2±4.9	103.5±4.4	A35	111.2±3.2	117.8±4.7	94.1±2.2				

（2）空气中的气溶胶

在气溶胶的监测中，以核设施为中心，在核设施正式运行后，取了B1、B2以及B3共三个点，每月1次，共6次。

γ谱分析结果中，气溶胶的取样分析只检测出天然放射性核素^{7}Be，其他核素（如^{131}I等）均小于探测限。

^{7}Be是宇宙射线与大气反应后的产物，形成后很快被气溶胶粒子吸附。输运能量越强，测得值越大。气溶胶的总α、β当天测量的值比七天后测量的值大得多，且七天后的值接近本底，主要是因为环境气溶胶中多为短寿命核素。环境中的短寿命核素主要是^{214}Bi、^{214}Po以及^{214}Pb，它们都是氡的衰变产物。地壳中氡形成以后，积累在岩层或者土壤中，然后通过水分子等的作用进入到环境中。当天测得的气溶胶总α、β的值可以定性地反应氡浓度的大小。气溶胶监测结果见表2-11、表2-12。

表2-11　气溶胶中^{7}Be的监测结果　　单位：mBq/m^{3}

点位	第1次	第2次	第3次	第4次	第5次	第6次
B1	1.37±0.31	0.59±0.23	1.46±0.47	4.58±0.45	6.36±0.47	6.99±0.69
B2	0.75±0.44	1.08±0.34	2.98±0.18	3.97±0.43	6.28±0.52	6.24±0.59
B3	1.63±0.44	0.61±0.35	1.38±0.56	6.11±0.59	3.54±0.41	7.73±0.75

表2-12　气溶胶中总α、总β的监测结果　　单位：mBq/m^{3}

次数	监测项目	B1		B2		B3	
		当日	7天后	当日	7天后	当日	7天后
1	总α	1.84±0.17	0.05±0.02	3.59±0.22	0.03±0.01	2.63±0.18	0.04±0.01
	总β	4.32±0.22	0.45±0.04	8.85±0.29	0.39±0.03	6.28±0.23	0.36±0.03
2	总α	3.55±0.16	0.02±0.01	5.76±0.21	0.03±0.01	3.40±0.17	0.02±0.01
	总β	8.80±0.21	0.19±0.02	14.40±0.28	0.21±0.02	8.71±0.23	0.22±0.02
3	总α	5.75±0.27	0.02±0.01	7.33±0.32	0.05±0.01	6.03±0.30	0.04±0.01
	总β	14.41±0.36	0.67±0.04	18.12±0.42	0.68±0.04	14.77±0.39	0.67±0.04
4	总α	4.54±0.20	0.05±0.01	4.71±0.22	0.03±0.01	3.61±0.19	0.06±0.01
	总β	11.61±0.27	0.57±0.03	11.41±0.28	0.51±0.03	8.96±0.24	0.56±0.03
5	总α	1.03±0.10	0.04±0.01	1.25±0.09	0.04±0.01	0.87±0.09	0.04±0.01
	总β	3.54±0.15	0.95±0.04	4.35±0.15	0.96±0.03	3.59±0.15	0.99±0.04
6	总α	1.11±0.10	0.05±0.01	0.40±0.05	0.06±0.01	1.08±0.09	0.07±0.01
	总β	3.88±0.16	0.90±0.04	1.79±0.09	1.09±0.03	3.95±0.16	0.93±0.04

随堂感悟（思政元素）

检测仪器的校准和刻度对保证样品数据质量有极大意义。结合标准样品的分析，分析待测样品，将专业知识学以致用、运用到环境电离辐射样品采集与评价中，提高发现问题、分析问题、解决问题的能力，培养集体意识和家国情怀。

自学评测/课后实训

1. 测量学校及其周围区域环境γ剂量率水平。

2. 采集某区域的气溶胶，评估区域气溶胶总α浓度。其中采样体积2400m^{3}，检测仪器本地计数率200cpm，样品计数率210cpm，仪器的探测效率为0.3，计算气溶胶中的总α浓度。

任务 2.3 分析水体中的放射性核素

任务引入

刘某有多年的环境电离辐射监测经验，公司拟派刘某为项目负责人，加快推进核设施周围区域水体中的放射性核素的分析项目，项目主要内容包含样品采集、制备以及分析。

知识目标	能力目标	素质目标
1. 掌握水体中放射性核素样品的采集。 2. 掌握水体中放射性核素样品的制备方法。 3. 掌握水体中放射性核素样品的监测仪器原理。 4. 掌握水体中放射性核素样品的质量保证。 5. 掌握水体中放射性核素样品的数据处理。	1. 能进行水体中放射性核素样品的采集及制备。 2. 熟练使用监测仪器进行样品分析。 3. 能进行水体中放射性核素样品的质量保证以及数据处理。	1. 严格遵守现场监测规范要求。 2. 能正确表达自我意见，并与他人良好沟通。 3. 具有社会主义核心价值观；养成实事求是的科学态度、严谨的工作作风；领会工匠精神；不断增强团队合作精神和集体荣誉感。

2.3.1 样品的采集

水体分析项目分为陆地水和海水。陆地水包括地表水、饮用水和地下水。本项目共设置3个地表水采样点、3个饮用水采样点、3个地下水采样点。海水污染集中在距核设施排放口附近很小的区域，因此监测重点以排放口为中心，在厂址周围设了5个点。采集海水前，用表层海水冲洗采样桶数次后，再开始采集海水样品。水体放射性监测布点情况见表2-13。

表 2-13 水体放射性监测布点情况

样品名称	采样点位	方位
地表水	DB1	NE
	DB2	E
	DB3	NE
饮用水	Y1	NNE
	Y2	NNE
	Y3	N
地下水	DX1	N
	DX2	NE
	DX3	ENE
海水	H1	W
	H2	S
	H3	SE
	H4	NE
	H5	NNE

2.3.2 样品的处理

河水、井水等淡水样品可通过蒸发浓缩来制备，使用电炉或沙浴锅加热蒸发容器，在

70℃下蒸发，避免碘等易挥发元素在蒸发过程中的损失。

（1）淡水样品预处理

淡水样品送回实验室后，进行以下预处理：

① 将淡水样品加酸调其 pH 值为 2 左右，放置过夜。加酸调 pH 值是为了防止容器的壁吸附。

② 采用虹吸法取 40L 水样分别转入 5L 的烧杯中，放在加热板上进行蒸发浓缩，最后将水样转入到一个烧杯中，待水样剩余 500mL 左右时，关闭电热板，停止加热，待水样冷却。

③ 将水样转入 1L 的马林杯中，用去离子水清洗烧杯，将洗液倒入马林杯中，并用去离子水将水位调至 1L 刻度线处，盖上盒盖，密封后，贴上样品标签，送入多道室进行测量。

（2）海水样品预处理

海水样品预处理过程和淡水样品的预处理过程有所区别。海水样品送回实验室后，进行以下预处理：

① 将海水样品加酸调其 pH 值为 2 左右，放置过夜。加酸调 pH 值是为了防止容器的壁吸附。

② 取 40L 水样，以 1L∶0.5g 的比例加入磷钼酸铵粉末 20g，电动搅动 30min，放置过夜。

③ 用虹吸法吸取上清液，将其转移至其他容器中，然后用中速定量滤纸在 ϕ100mm 的布氏漏斗中抽滤，并用滤液清洗 3～4 次，将滤液一同收集起来。

④ 将滤纸取下，放在烘箱中 110℃烘干后，称重，装入与刻度源相同形状和大小的样品盒中，贴上样品标签，送入多道室测量。

⑤ 向分离出铯的上清液中加入氨水，调其 pH 到 8.0～8.5。以 1L∶3.5g 的比例加入二氧化锰粉末 140g，电动搅动 2h，放置过夜，可将 95%的钴、铈以及钌等核素吸附。

⑥ 上清液用虹吸法倒掉，然后用布氏漏斗抽滤除去沉淀中的水分。

⑦ 将滤纸取下，放在烘箱中 110℃烘干后，称重，装入与刻度源相同形状和大小的样品盒中，贴上样品标签，送入多道室测量。

2.3.3 监测仪器

本项目 γ 能谱分析使用的是 ORTEC 公司的 HPGe（高纯锗）探测器。详细参数见 2.2.3。

表 2-14 是水体的效率刻度结果，效率刻度曲线图如图 2-15 所示。

表 2-14　水体效率刻度结果

核素	能量/keV	半衰期/d	活度	分支比/%	效率
^{241}Am	59.54	157753	2.017×10^{4}	35.9	4.8976×10^{-2}
^{133}Ba	81	3836.15	4.582×10^{3}	34.1	4.5376×10^{-2}
^{109}Cd	88.03	462.6	4.322×10^{4}	3.61	5.8033×10^{-2}
^{57}Co	122.06	271.8	5.974×10^{3}	85.6	5.5996×10^{-2}
^{57}Co	136.47	271.8	5.974×10^{3}	10.68	5.4141×10^{-2}
^{139}Ce	165.85	137.6	2.112×10^{3}	79.886	4.9142×10^{-2}
^{133}Ba	276.4	3836.15	4.582×10^{3}	7.164	2.9178×10^{-2}

续表

核素	能量/keV	半衰期/d	活度	分支比/%	效率
^{133}Ba	302.85	3836.15	4.582×10^{3}	18.33	3.4133×10^{-2}
^{51}Cr	320.08	27.7	2.046×10^{4}	10.08	3.1532×10^{-2}
^{133}Ba	356.02	3836.15	4.582×10^{3}	62.05	2.6435×10^{-2}
^{133}Ba	383.85	3836.15	4.582×10^{3}	8.94	2.7809×10^{-2}
^{113}Sn	391.69	115.1	2.530×10^{3}	64	3.8015×10^{-2}
^{85}Sr	514.01	64.84	1.821×10^{4}	96	2.2380×10^{-2}
^{137}Cs	661.66	10975.55	2.963×10^{3}	85.1	2.2844×10^{-2}
^{54}Mn	834.85	312.3	2.959×10^{3}	99.976	1.5767×10^{-2}
^{88}Y	898.04	106.7	6.099×10^{4}	93.7	1.3502×10^{-2}
^{60}Co	1173.24	1923.915	4.803×10^{3}	99.974	1.1824×10^{-2}
^{60}Co	1332.5	1923.915	4.803×10^{3}	99.986	1.0548×10^{-2}
^{88}Y	1836.06	106.7	6.099×10^{4}	99.2	7.8042×10^{-3}

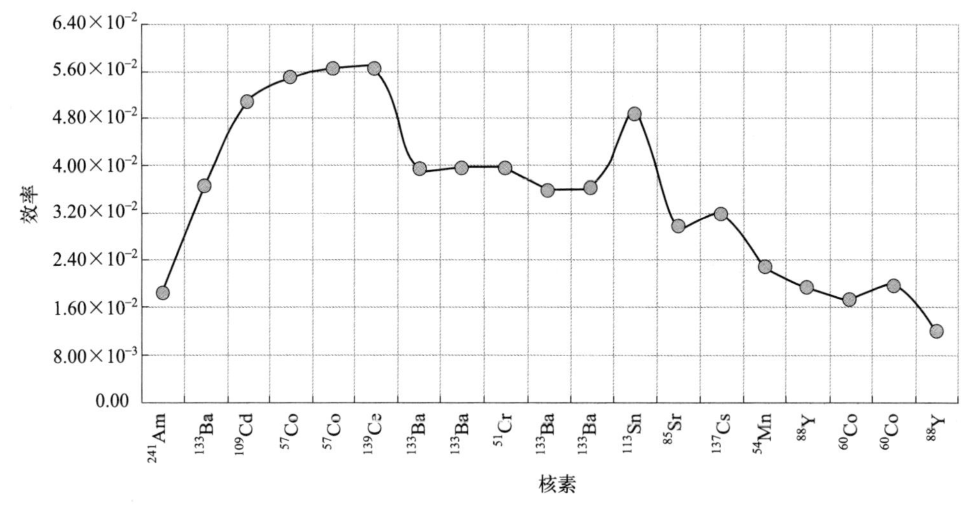

图 2-15　水体效率刻度曲线

2.3.4　质量保证与数据处理

参照任务 2.2 的质量保证与数据处理。

2.3.5　样品测量结果与分析

（1）陆地水

γ 谱分析结果中，所有样品均给出了^{40}K 的测量结果，其他核素（如^{238}U、^{226}Ra、^{134}Cs、^{137}Cs、^{60}Co 等）均低于探测限。陆地水监测结果见表 2-15。

表 2-15　陆地水 ^{40}K 监测结果

样品名称	点位	监测结果/(mBq/L)
地表水	DB1	896.5±54.0
	DB2	1053.1±42.0
	DB3	268.3±32.5
	本底范围	74.2～2530
饮用水	Y1	240.0±25.0
	Y2	213.6±32.4
	Y3	54.8±25.9
	本底范围	76.7～320.0
地下水	DX1	168.1±32.6
	DX2	109.6±27.5
	DX3	646.5±45.3
	本底范围	92.1～399.0

测量结果表明，地表水、饮用水以及地下水中 ^{40}K 含量各不相同，有很大差异，具体分析如下：

① 地表水：DB1 和 DB2 点位 ^{40}K 的含量明显高于其他点位，但和本底处于同一量级，属于正常的本底水平。

② 饮用水：由于 Y1 和 Y2 邻海，导致其 ^{40}K 含量要明显高于 Y3，但和本底处于同一量级，属于正常的本底水平。

③ 地下水：和本底处于同一量级，属于正常的本底水平。

（2）海水

5 个点位的 ^{226}Ra 测量结果和本底同一量级，属于正常的本底水平，海水监测结果如表 2-16 所示。

表 2-16　海水 ^{226}Ra 监测结果

样品名称	点位	监测结果/(mBq/L)
海水	H1	11.0±2.16
	H2	6.53±1.85
	H3	9.45±2.20
	H4	<3.23
	H5	7.2±1.78
	本底范围	<MDC-8.42

随堂感悟（思政元素）

检测仪器的校准和刻度对保证样品数据质量有极大意义。结合标准样品的分析，分析待测样品，将专业知识学以致用、运用到水体辐射样品采集与评价中，提高发现问题、分析问题、解决问题的能力，培养集体意识和家国情怀。

课后实训

1. 采集校园内的湖水或校园周边区域的河水，分析其放射性水平。

2. 采集某区域的河水，评估区域河水中 ^{40}K 活度浓度，其中采样体积 20L，检测仪器净计数 2000，测量时间 86400s，探测效率为 0.3，能量分支比 90%，修正因子为 1。

任务 2.4　分析底泥和土壤中的放射性核素

任务引入

地球环境中主要的放射性核素包括^{238}U、^{232}Th、^{235}U 三大天然放射性系和非系列天然放射性核素，如^{40}K 和^{89}Rb 等；那么，如何检测出底泥和土壤中的放射性核素的种类及其浓度呢？

知识目标	能力目标	素质目标
1. 掌握放射性核素的检测原理。 2. 掌握 γ 能谱的检测及绘制。 3. 能根据 γ 能谱特征谱线来确定核素的种类及其浓度。	掌握底泥和土壤中放射性核素检测的采样及检测方法。	严格按照放射性核素的检测步骤，掌握仪器的使用方法和日常保养，爱护仪器，培养爱岗敬业、报效祖国的崇高情怀。

2.4.1　土壤中的放射性核素及其迁移转化规律

从地球的形成、地心的运动和地壳的形成过程可见，地球环境含有放射性核素，主要的放射性核素包括^{238}U、^{232}Th、^{235}U 三大天然放射性系和非系列天然放射性核素，如^{40}K 和^{89}Rb 等，其中对人类辐射最大的是三个天然放射性系。土壤和岩石中天然放射性核素的含量变动很大，主要决定于岩石层的性质及土壤的类型，某些天然放射性核素在土壤和岩石中含量的估计值见表 2-17。

表 2-17　土壤、岩石中天然放射性核素的含量　　单位：Bq/g

核素	土壤	岩石
^{40}K	$2.96\times10^{-2}\sim8.8\times10^{-2}$	$8.14\times10^{-2}\sim8.14\times10^{-1}$
^{226}Ra	$3.7\times10^{-3}\sim7.03\times10^{-2}$	$1.48\times10^{-2}\sim4.81\times10^{-2}$
^{232}Th	$7.4\times10^{-4}\sim5.55\times10^{-2}$	$3.70\times10^{-2}\sim4.81\times10^{-2}$
^{238}U	$1.11\times10^{-3}\sim2.22\times10^{-2}$	$1.48\times10^{-2}\sim4.81\times10^{-2}$

土壤、空气和水是地球上维持生物生长的三大基本环境要素，土壤是核辐射污染物环境转移的重要介质之一，也是环境中核辐射污染物的主要来源。放射性颗粒沉降进入土壤后，与土壤成分结合在一起，随时间的推移，逐渐衰变并减少。放射性核素在土壤中主要以离子态、络合物、聚合物、分子、胶体和难溶化合物等形态存在，其存在形式与土壤的 pH 值有很大的关系。土壤核素可以通过扩散、溶解、交换等进入水体并在土壤中转移，植物通过根系吸收把环境中的放射性核素转移进入植物的体内，水体及植物中的放射性核素可以通过食物链进入动物及人体内，实现核素在环境中的循环和迁移。

2.4.2　检测原理

（1）放射性核素的测定原理

不稳定重核自发放出^{4}He 核（α 粒子）的过程中或原子核内质子和中子发生互变，放射出 β 粒子（即快速电子）的过程中，原子核从较高能级跃迁到较低能级或者基态时伴生放射

出 γ 射线。γ 射线强度按能量分布即为 γ 谱，利用 γ 能谱仪可以探测到 γ 射线的强度和能量，结果绘制成 γ 谱；由于不稳定核素衰变时产生特征 γ 能谱，因此可以根据特征 γ 能谱进行核素的识别。

（2）γ 能谱仪的监测原理

γ 射线照射到探测器晶体上，被转化为荧光信号，荧光经光电倍增管收集、转化后在光电倍增管的输出端（阳极）形成电脉冲信号。电脉冲的峰值与入射 γ 光子的能量成正比，其计数率与入射 γ 射线的照射率（即 γ 强度）也成正比，电脉冲信号经放大和成形后，由主机进行采集和处理，得出相应的各种能量 γ 射线的计数率（即 γ 能谱），从而得出对应核素的含量。

2.4.3 样品的采集

土壤放射性监测的样品采集与一般土壤监测的样品采集方法相似，采样布点方法有对角线法、梅花点法、棋盘式法和蛇形法；采样点不少于 5 个，每个点在 10m×10m 的范围内，采样深度视监测目的而定，如果只是一般了解土壤的污染情况，可取 0～10cm 的表层土。

（1）表层土采集方法

图示采样点并编号，去除采样点表面的落叶、杂草石等杂物；把土壤采样器垂直于取样点表面放置，用锤子或大木槌把采样器冲打到预定深度（0～10cm），然后用铁锹、移植镘刀等把采样器从冲打的深度回收上来，这时要注意去除其外围的土壤。把采样器内采集到的土壤放入聚乙烯口袋内，如是砂质土壤，在回收取样器时，采样器内的土壤可能滑落，此时可用薄铁板或移植镘刀把采样器前端的开口部位堵住后再回收。样品采集量约 1kg，将采集到的样品贴标存放。所有采样过程记录信息原始、全面、翔实，必要时，可用卫星定位、摄像和数码拍照等方式记录现场，以保证样品的可追溯性，采样人员及时填写采样记录表并签名，由他人复核签名。样品妥善包装，尽快运输至分析实验室。

（2）底泥采集方法

底泥可采取抓斗、采泥器或钻探装置采集。采泥地点除在主要污染源附近、河口部位外，应选择由于地形及潮汐原因造成堆积的地点，另外也要选择在沉积层较薄的地点。在底泥堆积分布状况未知的情况下，采泥地点要均衡设置；在河口位置，由于沉积物堆积分布容易变化，应适当增设采样点；需要了解分层作用时，可采用钻探装置。

2.4.4 样品预处理方法

土壤样品自然阴干，防止尘埃落入，预防二次污染；半干状态把泥土压碎，除去根、茎、叶、碎石等杂物，风干后研磨，过 2mm 尼龙筛。将上述风干的细土反复按四分法弃取，最后留下足够分析用的数量。后经 100℃烘干至恒重，用有机玻璃或玛瑙研钵磨细，过筛（40～60 目），称重后装入与刻度 γ 能谱仪的体标准源相一致的样品盒中，密封、放置 3～4 周后测量。

检测完的样品仍应按要求贴标保存一段时间，以备复查，对于运行前本底调查样品，以及部分重要样品需要保存至设施退役后若干年（如 10 年）。一般样品保存半年或一年，需长期保存的可采用玻璃材质容器或聚乙烯塑料容器储存；瓶口采用蜡封以避光、热、防潮湿和酸碱等。

2.4.5 样品分析

（1）本底测量

应测量模拟基质本底谱和空样品盒本底谱，在求体标准源全能峰净面积时，应将体标准源全能峰计数减去相应模拟基质本底计数，土壤样品的全能峰计数应扣除相应样品盒本底计数。

（2）体标准源测量

测量体标准源时，其相对探测器的位置应与测量土壤样品时相同。

（3）测量时间及测量计数不确定度

测量时间根据被测体标准源或样品的强弱而定。体标准源的测量不确定度应小于5%。土壤样品中放射性核素活度的扩展不确定度（包含因子为2）应满足：铀小于20%，镭、钍、钾小于10%，^{137}Cs小于15%。

（4）测量方法

① 相对比较法：相对比较法适用于有待测核素体标准源可利用情况下样品中放射性核素活度的分析。

利用多种计算机解谱方法，如总峰面积法、函数拟合法、最小二乘拟合法等，计算出体标准源和样品谱中各特征峰的全能峰净面积。体标准源中第j种核素的第i个特征峰的刻度系数C_{ji}见式(2-27)：

$$C_{ji}=\frac{A_j}{\mathrm{Net}_{ji}} \tag{2-27}$$

式中 A_j——体标准源中第j种核素的活度，Bq；

Net_{ji}——体标准源中第j种核素的第i个特征峰的全能峰净面积计数率，计数/s。

被测样品中第j种核素的活度深度Q_j见式(2-28)：

$$Q_j=\frac{C_{ji}(A_{ji}-A_{jib})}{WD_j} \tag{2-28}$$

式中 Q_j——被测样品中第j种核素的活度浓度，Bq/kg；

A_{ji}——被测样品第j种核素的第i个特征峰的全能净面积计数率，计数/s；

A_{jib}——与A_{ji}相对应的特征峰本底净面积计数率，计数/s；

W——被测样品净质量，kg；

D_j——第j种核素校正到采样时的衰变校正系数。

② 效率曲线法：适用于已有效率刻度曲线，可利用其求被测样品中放射性核素的活度深度。根据效率刻度后的效率曲线或效率曲线的拟合函数求出某特定能量γ射线所对应的效率值η_i，被测样品中第j种核素的活度浓度Q_j见式(2-29)：

$$Q_j=\frac{A_{ji}-A_{jib}}{P_{ji}\eta_i WD_j} \tag{2-29}$$

式中 η_i——第i个γ射线全吸收峰所对应的效率值；

P_{ji}——第j种核素发射第i个γ射线的发射概率，常用的γ射线发射概率大于1%的天然放射性核素参见表2-18；

A_{ji}——被测样品第j种核素的第i个特征峰的全能峰净面积计数率，计数/s；

A_{jib}——与 A_{ji} 相对应的特征峰本底净面积计数率，计数/s；

W——被测样品净质量，kg；

D_j——第 j 种核素校正到采样时的衰变校正系数。

表 2-18　常用的 γ 射线发射概率大于 1%的天然放射性核素

核素	能量/keV	发射概率/%	半衰期	产生方式
^{234}Th	63.3	4.8(7)	L	^{238}U 衰变
^{235}U	143.8	10.96(14)	$703.8(5)\times10^6$a	天然衰变
^{235}U	185.7	57.2(8)	$703.8(5)\times10^6$a	天然衰变
^{226}Ra	186.2	3.533(21)	1600(7)a	天然衰变
^{212}Pb	238.6	43.6(3)	L	^{232}Th 衰变
^{224}Ra	241.0	4.12(4)	L	^{232}Th 衰变
^{208}Tl	277.4	6.6(3)	L	^{232}Th 衰变
^{214}Pb	295.2	19.3(2)	L	^{238}U 衰变
^{212}Pb	300.1	3.18(13)	L	^{232}Th 衰变
^{228}Ac	338.3	11.3(3)	L	^{232}Th 衰变
^{214}Pb	351.9	37.6(4)	L	^{238}U 衰变
^{208}Tl	583.2	85.0(3)	L	^{232}Th 衰变
^{214}Bi	609.3	46.1(15)	L	^{238}U 衰变
^{212}Bi	727.3	6.74(12)	L	^{232}Th 衰变
^{208}Tl	860.6	12.5(1)	L	^{232}Th 衰变
^{228}Ac	911.2	26.6(7)	L	^{232}Th 衰变
^{228}Ac	969.0	16.2(4)	L	^{232}Th 衰变
^{214}Bi	1120.3	15.1(2)	L	^{238}U 衰变
^{40}K	1460.82	10.66(13)	$1.265(13)\times10^9$a	天然衰变
^{212}Bi	1620.7	1.51(3)	L	^{232}Th 衰变
^{214}Bi	1764.5	15.4(2)	L	^{238}U 衰变

注：圆括号中数值为前面相应数据的不确定度，其不确定度值参照圆括号前数值按照最后一位小数点对齐原则给出，如 4.8(7)表示 4.8±0.7；L 表示该核素的半衰期取其母体核素的半衰期；当由能量为 583.2keV 的^{208}Tl 来计算母体^{232}Th 活度时，应将其发射概率乘以 0.36。

③ γ 能谱分析的逆矩阵法：逆矩阵法主要用于样品中核素成分已知而能谱又部分重叠的情况。用 NaI(Tl)γ 能谱仪分析土壤样品中天然放射性核素^{238}U、^{232}Th、^{226}Ra、^{40}K 和人工放射性核素^{137}Cs 的活度浓度可用逆矩阵法。

逆矩阵应先确定响应矩阵，确定响应矩阵的体标准源应包括待测样品中的全部待求核素，且与待测样品有相同的几何结构和相近的机体组成，不同核素所选特征峰道区不能重合，正确选择特征峰道区是逆矩阵法解析 γ 能谱的基础，特征峰道区选择原则为：

a. 对于发射多种能量 γ 射线的核素，特征峰道区应选择发射概率最大的 γ 射线全能峰道区；

b. 若几种能量 γ 射线的发射概率接近，应选择其他核素 γ 射线的康谱顿贡献少、能量高的 γ 射线特征峰道区；

c. 若两种核素发射概率最大的 γ 射线特征峰重叠，其中一种核素只能取其次要的 γ 射线特征峰；

d. 特征峰道区宽度的选取应使多道分析器的漂移效应以及相邻峰的重叠保持最小。

用逆矩阵求解土壤中放射性核素的活度浓度，各核素选用的特征峰道区可为 92.6keV（^{238}U）、352keV 或 609.4keV（^{226}Ra）、238.6keV 或 583.1keV 或 911.1keV（^{232}Th）、1460.8keV（^{40}K）和 661.6keV（^{137}Cs）。

2.4.6 数据处理

当求得多种核素混合样品的γ能谱中某一特征峰道区的净计数率后，样品中的第j种核素的活度浓度Q_j见式(2-30)：

$$Q_j=\frac{1}{WD_j}X_j=\frac{1}{WD_j}\sum_{i=1}^{m}a_{ij}^{-1}C_j \tag{2-30}$$

式中 a_{ij}——第j种核素对第i个特征峰道区的响应系数；

C_j——混合样品第j种核素的γ能谱在第i个特征峰道区上的计数率，计数/s；

X_j——样品中第j种核素的活度，Bq；

W——被测样品净质量，kg；

D_j——第j种核素校正到采样时的衰变校正系数。

在多种核素混合样品的γ能谱中，某一能峰特征道区的计数率除了该峰所对应的核素的贡献外，还叠加了发射更高能量γ射线核素的γ辐射的康普顿贡献，以及能量接近的其他同位素γ射线的光电峰贡献，因此混合γ辐射体的γ能谱扣除空样品盒本底后，某一能峰道区的计数率应是各核素在该道区贡献的总和，见式(2-31)。

$$C_i=\sum_{j=1}^{m}a_{ij}X_j \tag{2-31}$$

式中 j——混合样品中核素的序号；

i——特征道区序号；

m——混合样品所包含的全部核素种数；

C_i——混合样品γ能谱在第i个特征峰道区上的计数率，计数/s；

X_j——样品中第j种核素的未知活度；

a_{ij}——第i个特征峰道区对第j种核素的响应系数，见式(2-32)。

$$a_{ij}=\frac{Net_{ji}}{A_j} \tag{2-32}$$

式中 Net_{ji}——第j种核素标准谱在第i特征道区上的计数率，计数/s；

A_j——第j种同位素标准源的放射性活度，Bq。

式(2-31)中，样品中第j种核素的活度X_j可用式(2-33)计算：

$$X_j=\sum_{i=1}^{m}a_{ij}^{-1}C_j \tag{2-33}$$

由实验可测定响应矩阵$\boldsymbol{a}_{ij}$，从而求得逆矩阵$\boldsymbol{a}_{ij}^{-1}$，由此只需测得样品各个相应的特征区的计数率就可计算出各种核素的活度。当土壤中仅含有天然放射性核素和^{137}Cs时，通过5个特征道区的逆矩阵程序可同时求出土壤中^{238}U、^{232}Th、^{226}Ra、^{40}K和^{137}Cs的活度。

2.4.7 干扰和影响因素

(1) γ射线能量相近的干扰

当两种或两种以上核素发射的γ射线能量相近，全能峰重叠或不能完全分开时，彼此形成干扰；在核素的活度相差很大或能量高的核素在活度上占优势时，对活度较小、能量较低的核素的分析也有干扰。数据处理时应尽量避免利用重峰进行计算以减少由此产生的附加分析不确定度。如铀系的主要γ射线是^{234}Th的92.6keV，钍系有一个93.4keV的X射线，当被测样品钍核素含量高时，93.4keV的X射线峰将对铀系的92.6keV的峰生产严重干扰。

（2）曲线基底和斜坡基底干扰

复杂γ能谱中，曲线基底和斜坡基底对位于其上的全能峰分析构成干扰。只要有其他替代的全能峰，就不应利用这类全能峰。

（3）级联加和干扰

级联γ射线在探测器中会产生级联加和现象。增加样品（或刻度源）到探测器的距离，可减少级联加和的影响。

（4）全谱计数率限制

应将全谱计数率限制到小于2000计数/s，使随机加和损失降到1%以下。

（5）密度差异

应使效率刻度源的密度与被分析样品的密度相同或尽量接近，以避免或减少密度差异的影响。

随堂感悟（思政元素）

放射性污染对生态环境和动植物会产生很大的伤害，但如果宇宙万物间不存在核衰变，没有放射性射线的存在可以吗？答案当然是否定的，宇宙中在不断地进行着核衰变：太阳在不断地进行氢核聚变，地心在不断地进行核衰变。虽然放射性污染会对生态环境产生破坏，但自然界也不能脱离放射性而存在，故世间万物，相生相克，要树立唯物辩证法的观点来看待世界。

课后习题

1. 为什么可以根据γ能谱来确定放射性核素的种类及浓度？
2. 底泥和土壤放射性核素检测时如何采样？
3. 简要说明土壤放射性核素的检测过程。

任务2.5　分析生物中的放射性核素

任务引入

水、空气、土壤等非生物环境物质中的放射性核素通过植物根部的摄入及叶片的吸收进入植物组织中，植物被动物食用，放射性核素从植物向动物迁移，并在动物体内的组织器官中浓集起来，通过食物链放射性核素在动物和人体内迁移及累积富集。生物中主要有哪些放射性核素，种类及浓度如何测定呢？公司黄工将带来团队解决核设施周边生物样品中的放射性核素识别与测定。

知识目标	能力目标	素质目标
1. 理解生物中放射性核素的来源及迁移规律。 2. 掌握γ能谱的检测及绘制。 3. 根据γ能谱特征谱线来确定生物中核素的种类及其浓度。	1. 掌握生物中的放射性核素检测的采样及样品的预处理方法。 2. 掌握生物样品的检测方法。	认识放射性核素检测对食品安全和生态环境的重要性。

2.5.1 生物中的放射性核素

任何动植物组织中都含有一些天然放射性核素，主要有^{40}K、^{226}Ra、^{14}C、^{210}Pb和^{222}Po等，其含量与这些核素参与环境和生物体之间发生的物质交换过程有关，如植物中核素含量与土壤、水、肥料中的核素含量有关，动物体内的含量与饲料、饮水中的核素含量有关，生物的不同部位和器官浓集的放射性核素的浓度会有所不同。

水、空气、土壤等非生物环境物质中的放射性核素，可通过植物根部的摄入及叶片的吸收进入植物组织中，此外，植物根系上还经常黏附着一定量的放射性核素。

植物被动物食用，放射性核素从植物向动物迁移，在动物的消化过程中，放射性核素在肠道中被吸收，随血液循环到其他的组织器官并聚集起来。由于食肉动物吃食草动物，人吃动植物，动植物死后回归大自然，这样，放射性核素随食物链在自然界中迁移循环并累积。

2.5.2 检测原理

生物中放射性核素的检测原理与土壤中放射性核素的检测原理相同，详见任务2.4。

2.5.3 样品的采集与制备

生物样品是根据生物监测需要采集的、具有代表性的、可作为检测样品的生物材料，如：粮食作物、蔬菜、茶叶、牧草、牛奶、菌菇类、家畜、家禽、指示性野生动植物等陆生动植物及食品，海洋或淡水中的浮游生物、水底生物、藻类等水生生物，以及人和动物的组织、血液和排泄物等。

（1）采集制备的原则

采集的样品应具有代表性，样品的预处理应便于γ能谱分析。生物样品在采集时，要根据监测或研究的目的、采集对象和特定场所的特征、预计核素的可能浓度和分布、谱仪的探测下限等多种因素，确定采样方法、部位、数量、时间、频率以及样品预处理方法。样品保存、运输和预处理应避免放射性损失和污染。

样品制备方法应根据实际使用的谱仪类型、数据处理方法、实验分析目的等具体情况选择。在不影响检测目的所要求测量精度的情况下，尽量减少处理步骤，缩短环节，采用简单的方法，以最大限度避免处理过程中引入影响结果准确度的因素（如核素丢失、引入污染）。可以选择的制备方法包括鲜样制备法、干样制备法和灰样制备法。

（2）采样样品量的确定

生物样品需采集多少样品量（W），可采用式(2-34）来估算：

$$W=\frac{N_m}{A_b f \varepsilon PYT} \tag{2-34}$$

式中　W——采集样品质量或体积，kg或L；

N_m——在T时间内，谱仪可测量到的最小计数率，通常指核素特征峰面积计数率，计数/s；

A_b——样品定量分析的最小活度浓度，Bq/kg或Bq/L；

f——被测量样品所占采样量份额（包括干样比和灰样比，见表2-19和表2-20）；

ε——相应能量 γ 射线的全能峰效率；

P——相应能量 γ 射线发射概率；

Y——样品预处理回收率；

T——样品测量活时间，s。

估算时因参数 N_m、W、f、ε、Y 等值在很大范围内可有多种组合满足式(2-34)，应根据测量目的、现有条件和花费成本最低等原则，实行优化组合来确定采样量的多少。

对一台测量装置固定的 γ 能谱仪，可根据相对测量误差的要求，对 N_m 和特性指数（W、f、ε、Y、T）做出一些估计和假设，然后按 A_b-W 关系曲线确定 W 值。当样品可能出现多种核素时，应以估计的 W 值中最大者为采样量。

A_b 值可根据现有的资料分析估计，或通过粗略预测来估计。当监测的目的是判断和记录核素浓度是否超过限值 1/10 或 1/4 以上浓度时，A_b 值可用相应 1/10 或 1/4 限值浓度来代替。

表 2-19 各种生物样品的干样比

名称	干燥方法	干样比/g	名称	干燥方法	干样比/g
菠菜	烘箱干燥	10	白菜	冷冻干燥	17
胡萝卜	烘箱干燥	9	胡萝卜	冷冻干燥	10
马铃薯	烘箱干燥	5	芹菜	冷冻干燥	16
白萝卜	烘箱干燥	17	苹果	冷冻干燥	6
茄子	烘箱干燥	17	小麦	冷冻干燥	1
豆角	烘箱干燥	11	玉米	冷冻干燥	1
枣	烘箱干燥	5	猪肉	冷冻干燥	4
大米	烘箱干燥	1	牛肉	冷冻干燥	4
牛肉	烘箱干燥	4	鱼	冷冻干燥	3
羊肉	烘箱干燥	4	鸡肉	烘箱干燥	4
猪肝	烘箱干燥	3	牛乳	烘箱干燥	8
大虾	烘箱干燥	4	海藻	烘箱干燥	6
虾皮	烘箱干燥	3	黄豆	烘箱干燥	1
干海带	烘箱干燥	1	虾蛄(皮皮虾)	烘箱干燥	5
鲅鱼	烘箱干燥	3	螃蟹	烘箱干燥	4

注：1. 干样比：1kg 干样需原样的质量。

2. 大米、虾皮、海带采集时为自然状态下干样，预处理时予以烘干。

3. 表中数值为我国北方地区制作干粉样品的一些典型值，随样品组成和环境条件的不同会有波动。

表 2-20 各种生物样品的灰样比

名称	灰样比(1kg 原样产生的灰量)/g	名称	灰样比(1kg 原样产生的灰量)/g
豆类(干)	38.0	大米	6.5
蛋类(带壳)	10.0	小麦	17.0
面粉	9.1	干草(干菜)	23.0
玉米	12.0	鱼类	13.0
鲤鱼	12.0	广柑	4.1
贝壳类	18.0	茶叶	56.0
马尾藻	38.0	蔬菜(鲜)	7.5
肉类	9.2	菠菜	15.0
猪肉	5.6	白菜	7.3
家禽	8.1	萝卜	8.4
马铃薯	11.0	茄子	5.5

续表

名称	灰样比(1kg原样产生的灰量)/g	名称	灰样比(1kg原样产生的灰量)/g
通心粉	7.0	奶	7.2
香蕉	8.0	奶粉	60.0
水果(罐头)	2.7	脱脂奶粉	110.0
水果(鲜)	6.2	面包(白)	21.0
苹果	3.5		

注:表中数据取自 IAEA Technical Report Series No. 295(1989)。

(3) 鲜样制备法

将采集的样品去掉不可食部分，如蔬菜水果类，有的要去泥土、根须，有的要去籽，剥去外皮，有的应用清水洗净、控水或用吸水纸拭干；水生物，如虾蟹、贝壳等用水浸泡一夜，使其吐出泥沙，去外壳，取其软体部分；动物和鱼类样品应分别取其肌肉和内脏等。然后称鲜重并视不同情况，将其切碎、剪碎、搅成肉末状或压碎后装入样品盒中、压紧，制备成合适的样品用于 γ 谱分析。

(4) 干样制备

将不能直接测量的鲜样适当弄碎，进行冷冻干燥或放入清洁搪瓷盘内置于烘箱干燥。采用烘箱干燥时徐徐加温至 105℃，烘十几到数十小时至干，然后称重并求出干鲜比。对含核素碘的样品，烘干温度最好低于 80℃ 以防止碘升华损失。干燥后的样品粉碎或研磨后装样测量，有的样品可压缩成一定形状后再转入测量样品盒中进行测量。

(5) 灰样制备法

核素活度浓度较低的样品，需要进一步灰化浓缩才能测量的样品，可采用干式灰化、湿式灰化或低温灰化，大量样品主要靠干式灰化。灰化时应严格控制温度，开始炭化阶段应慢慢升温，防止着火，各种物质着火临界温度范围参见表 2-21，对脂肪多的样品可加盖并留有适当缝隙或皂化后炭化。炭化完成后可较快地将温度升至 450℃，并在该温度下灰化十至数十小时，使样品成为含炭量最少的灰。严格控制高温炉内温度，防止温度过高造成样品损失或烧结。对灰化时容易挥发的核素，如铯、碘和钌等，应视其理化性质确定其具体灰化温度或灰化前加入适当化学试剂，或改用其他预处理方法。待处理的样品中如需要分析放射性铯时，灰化温度不宜超过 400℃。对要分析碘的样品，灰化前应用 0.5mol/L NaOH 溶液浸泡样品十几个小时。牛奶样品在蒸发浓缩或灰化前也应加适量的 NaOH 溶液。灰化好的样品在干燥器内冷却后称重，并计算灰样比，然后按需要量制备测量样品。

表 2-21 各类样品灰化时着火临界温度范围

名称	温度/℃	名称	温度/℃
蛋	150～250	根类蔬菜	200～325
肉	150～250	牧草	200～250
鱼	150～250	面粉	175～250
水果(鲜)	175～325	干豆粉	175～250
水果(罐头)	175～325	水果汁	175～225
牛奶	175～325	谷物	225～325
蔬菜(罐头)	175～225	通心粉	225～325
蔬菜(鲜)	175～225	面包	225～325

注:1. 表中数据取自 IAEA Technical Report Series No. 295(1989)。
2. 表中某类生物样品中可能含有多少品种,其中所含的成分不尽相同,使得其初始着火温度范围较大。

(6) 特殊生物样品

对于某些生物样品，如机体组织或器官、尿样、便样、呼出气等样品，可能受到采样量限制，核素在机体内的分布也不一样，因此应根据具体情况、特点和条件决定其采样和处理方法，以及具体的测量分析方式。

（7）装样

根据样品放射性核素含量高低、样品量（质量或体积）多少、最低探测限要求、谱仪类型和其系统的主要性能指标以及现有条件，选择最合适的样品盒装样。装样应满足以下原则要求：

① 选择与刻度源规格、材质一致、未被放射性污染的样品盒。

② 对可能引起放射性核素壁吸附的样品（如液体或呈流汁状态样品），应选择壁吸附小或经一定壁吸附预处理的样品盒装样。

③ 装样密度尽可能均匀，并尽量保证与效率刻度源的质量和体积一样，在达不到质量密度一致条件时，应保证样品均匀和体积一致，当体积也不能达到一致时，则保证样品均匀条件下准确记录装样体积和质量，以便对结果做体积和密度修正。

④ 对含有易挥发核素或伴有放射性气体生成的样品，以及需要使母子体核素达到平衡后再测量的样品，在装样后应密封。

⑤ 对样品量充足、预测核素含量很低、装样密度又小于标准源的样品（通常可能是一些直接分析的样品），可以选用特殊的工具和手段（如压样机），把样品尽可能压缩到样品盒中。

⑥ 装样体积和样品质量应尽量精确，前者偏差应控制在5%以内，后者应小于1%。

（8）γ谱获取

获取样品γ谱时，应注意以下几点：

① 应在与获取刻度源γ谱相同的几何条件和工作状态下测量样品γ谱；

② 测量时视样品中放射性强弱和对特征峰面积统计精确性要求而定；

③ 低活度样品的长期测量中应注意和控制谱仪的工作状态对样品谱的可能影响，测量过程中可暂停获取谱数据（或作为一个单独谱存储一次并分析处理），待重新放置样品一次后再接着测量；

④ 特别对于天然核素活度低的样品分析，应在测量样品之前或之后（或者前后两次）测量本底谱，用于谱数据分析时扣除本底谱的贡献。

2.5.4 样品γ谱分析

（1）定性分析——核素鉴别

① 寻峰并确定峰位；

② 根据确定的峰位，用能量刻度的系数或曲线内插值求出相应的γ能量；

③ 根据所确定的γ能量查找能量-核素数据表（库），即可得知样品存在的核素，但有时要根据样品核素半衰期（具体可测量峰面积的衰变曲线），一种核素的多个γ特征峰及其发射概率比例，或核素的低能特征X射线等辅助方法加以鉴别。

（2）定量分析—核素活度浓度确定

根据鉴别的核素的特征，原则上尽量选择γ射线发射概率大，受其他因素干扰小的一个或多个γ射线全能峰作为分析核素的特征峰。样品谱十分复杂，并伴有短半衰期核素而难以选定时，可利用不同时间获取的γ谱做适当处理。

根据样品谱特征峰的强弱和具体条件选择合适的方法计算特征峰面积。

受干扰小的孤立单峰，可选用简单谱数据处理方法，如总峰面积法，也可以用曲线函数拟合方法。

当分析重峰或受干扰严重的峰时，可采用以下两种方法：

① 使用具有重峰分解能力的曲线拟合程序。步骤包括：选取适当本底函数和峰形函数；将谱分段，确定进行拟合的谱段；进行非线性最小二乘法拟合，求出拟合曲线的最佳参数向量；对拟合的最佳峰形函数积分或直接由有关参数计算峰面积和相关量。

② 在重峰的情况下，运用适当的剥谱技术或通过总峰面积的衰变处理或其他峰面积修正方法达到分解重峰或消除干扰影响的目的。

采用刻度效率曲线法刻度的谱仪时，按式(2-35)计算采样时刻样品中核素的活度浓度：

$$A=\frac{N_s F_1 F_3}{F_2 \varepsilon P T m e^{-\lambda \Delta t}} \tag{2-35}$$

式中 A——采样时刻样品中核素的活度浓度，Bq/kg 或 Bq/L；

N_s——全能峰净面积计数；

F_1——短寿命核在测量期间的衰变修正因子，采用式(2-36)计算，如果被分析的核素半衰期与样品测量的时间相比大于 100，F_1 可取为 1；

F_3——γ 符合相加修正系数，对发射单能 γ 射线核素，或估计被分析 γ 射线的相应修正系数不大时，可取 F_3 为 1，否则应设法估算 F_3，F_3 的计算参见附录 1。

F_2——样品相对于刻度源 γ 自吸收修正系数，如果样品密度和刻度源的密度相同或相近，F_2 可取 1，F_2 的计算参见附录 2；

ε——相应能量 γ 射线的全能峰效率；

P——相应能量 γ 射线发射概率；

T——样品测量活时间，s；

m——测量样品的质量（当测量样品不是采集的样品直接装样测量时，m 用采集时的样品质量或体积代替，若进行干燥或灰化处理，应计算干湿比或灰鲜比），kg 或 L；

λ——放射性核素衰变常数，s^{-1}；

Δt——核素衰变时间，即从采样时刻到样品测量时刻之间的时间间隔，s。

$$F_1=\frac{\lambda T_c}{1-e^{-\lambda T_c}} \tag{2-36}$$

式中 F_1——短寿命核素在测量期间的衰变修正因子，如果被分析的核素半衰期与样品测量的时间相比大于 100，F_1 可取为 1；

T_c——测量样品的真实时间（不是活时间 T），s。

随堂感悟（思政元素）

爱因斯坦（1879—1955 年）是伟大的物理学家，又是人类和平的倡导者。爱因斯坦是核能开发的奠基者，二战时期，为帮助对抗纳粹，他致信美国总统富兰克林·罗斯福，直接促成了曼哈顿计划的启动，而二战结束后，他积极倡导和平、反对使用核武器，并签署了《罗素-爱因斯坦宣言》。爱因斯坦在人类科学上的巨大贡献，以及他的伟大精神永远受到人们的尊敬和怀念。

课后实训

1. 在进行生物核素检测时如何采样？
2. 生物放射性核素检测时采样样品量如何确定？
3. 生物放射性核素检测时鲜样如何制备？

任务 2.6 现场监测辐射环境剂量率

任务引入

项目需要对待建核设施周边环境的γ剂量率进行本底调查，以及对已建核设施周边的敏感点位进行定期的γ剂量率现场监测。负责该任务的陈工决定分三部分完成该任务，即待建核设施的本地调查、已建核设施的定点现场监测和搭建自动连续监测系统。

知识目标	能力目标	素质目标
1. 熟练掌握辐射环境现场的γ剂量率的测量。 2. 掌握自动监测系统的搭建方法。	1. 掌握现场监测的布点原则。 2. 掌握便携式X、γ辐射周围剂量当量(率)仪和监测仪的使用。 3. 掌握自动监测系统的使用。 4. 能分析处理辐射环境剂量率的数据。	1. 树立正确的科学辩证思维。 2. 树立正确的世界观。 3. 认识到生态文明建设的重要性。

2.6.1 现场测量布点原则

辐射环境监测的目的是监测一定区域内的天然或人工γ辐射水平或变化趋势。通常以适当距离的网格均匀布点，网格大小一般可选25km×25km、10km×10km、5km×5km或更小区域，位于同一网格点的建筑物、道路和原野点位，环境γ辐射剂量率的测量可一并进行。现场测量布点有以下原则：

① 原野测量点位选择：城市中的草坪、公园中的草地以及某些岛屿、山脉、原始森林等不易受人为活动影响的地方，可适当选设点位，定期测量。点位应远离高大的树木或建筑，距附近高大建筑物的距离须大于30m。点位地势应平坦、开阔、无积水、有裸露土壤或有植被覆盖，避免选择环境中表层土壤被污垢、砾石、混凝土和沥青等改变的位置。

② 开展道路测量时点位应设置在道路中心线。

③ 开展室内测量时，点位应设置在人员停留时间最长的位置或者室内中心位置。

④ 其他要求：测量结果与地面（包括周围建筑）、地下水位、土壤成分及含水量、降雨、冰雪覆盖、潮汐、放射性物质地面沉降、射气的析出和扩散条件等环境因素有关，测量时应注意其影响，避免周围其他一些天然或人为因素对测量结果的影响，如湖海边，砖瓦、矿石和煤渣等堆置场附近。对于特殊关注测量点，可不受这些限制。

测量时间的选择应当具有代表性，野外测量时，雨天、雪天、雨后和雪后6h内一般不开展测量。

2.6.2 核设施周边自动监测系统的布点原则

进行连续测量的辐射环境空气自动监测站，监测点位位置应当具有代表性，兼顾区域面积和人口因素布设，充分考虑区域代表性和居民剂量代表性。点位应充分结合所在区域建设规划，位置一经确定，一般不得变更，以保证测量数据的连续性和可比性。点位应综合考虑点位供电、防雷、防水淹、通信、交通、安全等保障条件，还需利用栅栏等手段建立相对独立的站点空间。

电力供应原则上采用市电，电压稳定性好，波动小于±10%，具备通信部门稳定的有线数据通信链路和无线通信信号。

进行连续测量时，应同步获得当地相关气象参数，如温度、湿度、风速、风向、降雨（雪）量等。

核设施周围环境测量点位应以核设施为中心，按不同距离和方位分成若干扇形，按近密远疏的原则布设，在关键人群组所在地区、距核设施最近的厂区边界上、主导风向的厂区边界上、人群经常停留的地方以及厂外最大落地浓度处加密布点。核动力厂、乏燃料后处理设施等大型核设施外围连续测量点位一般以核设施为中心，在烟羽应急计划区内涵盖 16 个方位角布设（沿海核动力厂靠海一侧根据需要布设），应考虑测量烟羽和地表沉积物中人工放射性核素产生的环境 γ 辐射剂量率。同时应选择一些不易受核设施影响的测量点位作为对照点。

对间歇运行的核技术利用设施，应在设施正常运行工况下开展测量。测量点位应当具有代表性，可通过巡测确定环境 γ 辐射剂量率水平相对较高的位置；布点应考虑辐射源释放、转移途径等因素；应重点关注人员长时间驻留以及防护薄弱位置。设施所在建筑为单层建筑时，布点应考虑天空散射对测量结果的影响。

堆浸型铀矿冶设施测量，通常在矿区 5km 范围内以适当间距的网格布点，网格密度以不漏掉源项为原则，可以通过巡测的方式，在辐射水平高的区域加密测点，通常应包括尾矿（渣）库、废石场、排风井下风向设施边界处、设施周围最近的居民点以及易洒落矿物的公路等。

伴生放射性矿采选、冶炼设施测量，通常在矿区周围 3～5km 范围内布点。

核设施需要考虑突发情况的应急监测。事故情况下，应按所制定的应急预案快速作出反应。核动力厂核事故环境 γ 辐射剂量率测量，参照《核动力厂核事故环境应急监测技术规范》（HJ 1128—2020）执行。采用现有的多种测量方法和手段，选择测量范围和能量响应合适的仪器，快速测定事故影响范围及环境 γ 辐射剂量率水平。

2.6.3 现场监测仪器要求

便携式 X、γ 辐射剂量当量（率）仪和监测仪指用于测定由外照射 X、γ 辐射产生的周围剂量当量（率）的手持式探测器，是不依赖外部电源、支架以及数据网络等外部固定设施而能独立完成对现场的辐射剂量的测量设备，由粒子探测部件和后续电路分析部件两部件组成，可以装成一个整体也可以由电子学原件相互连接，探测部件中含有辐射探测器，如电离室、计数管、闪烁探测器、半导体探测器等，可在光子的作用下产生某种形式的电信号，由测量部件测量并指示出来。

监测仪除具有上述功能外，还包括一个报警（响或声光报警）部件，因此在测量过程中仪器能给出与周围剂量当量（率）水平相关联的声响或闪光信号，使用者可根据其关联性粗略判断周剂量率水平。

一般便携式X、Y辐射剂量当量（率）仪和监测仪的计量性能须满足表2-22的要求。

表2-22 监测仪的计量性能要求

计量性能	技术要求	测量条件
相对固有误差	±15%	有效测量范围内，至少覆盖3个数量
重复性	$1.4(16-H/H_0)\%$	$H_0 \leqslant H \leqslant 11H_0$
	$1.255(16-\hat{H}/\hat{H}_0)\%$	$\hat{H}_0 \leqslant H \leqslant 11\hat{H}_0$，响应时间≤10s
能量相应	−23%～+43%	80keV～5MeV

注：1. 剂量当量率有效测量范围须包含10μSv/h，剂量当量须包含100μSv。

2. H_0、$\hat{H}_0$ 分别为剂量当量和剂量当量率有效测量范围的下限。

另外仪器外观应完好无损，不应有锈蚀、裂纹和破损等缺陷以及影响正常工作的机械损伤，控制面板或系统界面上所设置的功能键能完成该键指令下的功能。仪器的型号、编号、制造商等标记应清晰可辨，仪器的探测器位置和参考取向必须明确标示在机身外表。

剂量当量（率）仪显示单位须为剂量当量Sv或剂量率Sv/h，有效测量范围至少覆盖3个十进位量级，且必须包10Sv/h（剂量当量率）和/或100μSv（剂量当量）。

仪器的本底计量特性必须满足以下两条中的一条：①本底测量平均值不超过±0.5nSv/h，或不过最小示分度的±3倍/h；②具有零点调节旋钮（或类似装置）的仪器，其调零功能须能使仪器的本底测量值（或最小显示分度值）低于0.1μSv/h。

2.6.4 测量步骤

（1）即时测量

用各种仪器直接测量出点位上的γ辐射空气吸收剂量率即时值，步骤如下。

① 开机预热。

② 手持仪器或将仪器固定在三脚架上。一般保持仪器探头中心距离地面（基础面）为1m。

③ 仪器读数稳定后，通常以约10s的间隔（可参考仪器说明书）读取/选取10个数据，记录在测量原始记录表中。

④ 全国性或一定区域内的环境γ辐射水平调查，测量开始前，应在点位外围10m×10m范围内巡测，确定巡测读数值变化<30%后开始测量。

⑤ 当测量结果用于儿童有效剂量评估时，应在0.5m高度进行测量。

⑥ 针对高活度放射源（如搜源监测），或在剂量率水平大于本底水平3倍以上的环境中开展测量时可以在仪器读数稳定的情况下记录大于等于1个稳定读数。

（2）自动连续测量

使用各种环境γ辐射剂量率仪在固定点位上开展的连续测量，参考HJ 1009—2019《辐射环境空气自动监测站运行技术规范》执行。连续测量方式也可适用于车载和投放式装置。

（3）背景测量

在进行环境γ辐射剂量率测量时，应扣除仪器对宇宙射线的响应部分，不扣除时应注明。不同仪器对宇宙射线的响应不同，可在水深大于3m，距岸边大于1km的淡水水面上测量，仪器应放置于对读数干扰小的木制、玻璃钢或橡胶船体上，船体内不能有压舱石。测量仪器的宇宙射线响应及其自身本底时，在读数间隔为10s时应至少读取或选取50～100个读数，也可选取仪器自动给出的平均值，或使读数平均值统计涨落小于1%。

2.6.5 数据处理

环境γ辐射剂量率测量结果按照式(2-37)计算：

$$\hat{D}_\gamma = k_1 k_2 R_\gamma - k_3 \hat{D}_c \tag{2-37}$$

式中，$\hat{D}_\gamma$ 为测点处环境γ辐射空气吸收剂量率值，Gy/h；k_1 为仪器检定/校准因子；k_2 为仪器检验源效率因子，k_2-A_0/A（当 $0.9 \leqslant k_2 \leqslant 1.1$ 时，对结果进行修正；当 $k_2<0.9$ 或 $k_2>1.1$ 时，应对仪器进行检修，并重新检定/校准），其中 A_0、A 分别是检定/校准时和测量当天仪器对同一检验源的净响应值（需考虑检验源衰变校正），如仪器无检验源，该值取1；R_γ 为仪器测量读数值均值（空气比释动能和周围剂量当量的换算系数参照JJG 393，使用^{137}Cs和^{60}Co作为检定/校准参考辐射源时，换算系数分别取1.20Sv/Gy和1.16Sv/Gy），Gy/h；k_3 为建筑物对宇宙射线的屏蔽修正因子，楼房取0.8，平房取0.9，原野、道路取1；$\hat{D}_c$ 为测点处宇宙射线响应值（由于测点处海拔高度和经纬度与宇宙射线响应测量所在淡水水面不同，需要对仪器在测点处对宇宙射线的响应值进行修正，具体计算和修正方法参照标准HJ 61），Gy/h。

2.6.6 累积剂量测量*

累积剂量的测量一般选用热释光（TLD）法，热释光是指被电离辐射或紫外线辐照过的物质受热发光现象。根据固体能带理论，热释光晶体的能带分为价带（满带）、禁带和导带。在晶体不受辐照的状态下价电子处在能级较低的价带中。当晶体受到辐照后，部分电子获得足够的能量激发到能级较高的导带中，在价带中留下空穴。被电离激发的电子被晶体禁带中的陷阱所俘获，处于亚稳态能级，未激发时可长时间滞留在陷阱中；在加热受激时，电子从陷阱中逸出且迅速与空穴复合，发出可见光或紫外光。磷光体所受剂量越大，陷阱中的电子、空穴数越多，热释光强度（发光峰的高度或发光峰的面积）越强，因而，测量发光强度即可得知受照剂量。磷光体的发光强度值随温度变化的曲线称为“热释光发光曲线”。

对TLD释放的光信号，经过收集、放大、模数转换、显示等过程即可读出测量值。对储存在读出仪中的数据经电缆传输到计算机中，可以对数据作进一步处理。测量过程如图2-16所示。

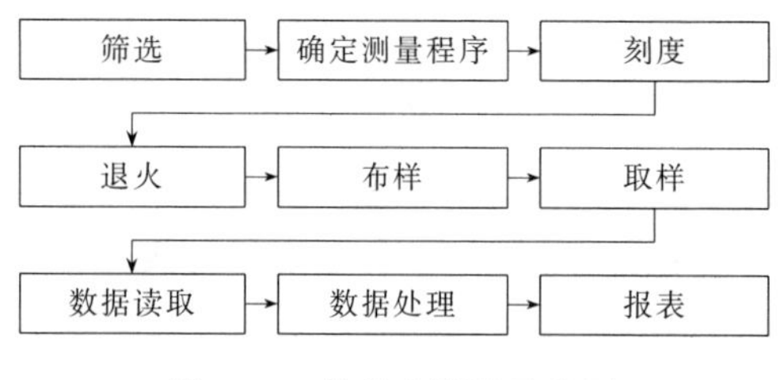

图2-16　热释光测量示意图

（1）样品的准备：

① TLD 的清洗：TLD 在使用一段时间后，表面可能会变脏，将影响测量结果，此时应先用稀盐酸清洗，然后用蒸馏水冲洗干净，最后自然晾干或用吹风机吹干即可。

② TLD 的退火：接通 TLD 退火炉电源，打开面板上电源开关和加热开关。调节预置退火温度到 240℃（此步骤一般不需操作，退火炉已设定好）将需要退火的 TLD 平铺到加热盘中，等炉内温度达到 240℃并稳定 20min 后，用镊子将加热盘传入炉腔，关上炉盖，开始计时。退火 10min 后用镊子取出加热盘，放到厚铜板上急速冷却至室温。关掉退火炉的加热开关，再关电源开关，拔掉电源插头。

③ TLD 的筛选：新购买的 TLD 或 TLD 在使用两年后，要进行筛选。将要筛选的 TLD 在 240℃下退火 10min。选用 ^{137}Cs 源照射 500μGy 的空气吸收剂量。将读出值按大小分组，选取测量值较集中的若干组，要求其离散度不大于 3%。

④ TLD 的刻度：选用 ^{137}Cs 为刻度源，刻度源应溯源到国家标准。退火 16 个经过筛选的 TLD，取其中 8 个 TLD 作为伴随样品，其读出平均值为 r_1；另外 8 个 TLD 参与照射约 500μGy 的剂量 D_a，其读出平均值为 r_0。测量时 TLD 读出仪必须充分预热，读出 10 个检验光源的读数，其平均值 N_s 即为以后测量时的标准参考值。TLD 的刻度周期为一年（新购买的 TLD 也要进行刻度）。

读出器的刻度因子由式（2-38）计算：

$$\delta=\frac{D_a}{r_0-r_1} \tag{2-38}$$

（2）样品流程：

① 选择布样地点：布样地点要能代表总的测量环境，物理分布均匀，不受邻近建筑物屏蔽的空旷地区，还应考虑交通较为便利，并侧重监测关键居民组和关键照射途径，总的布点原则是近（核岛）密远（核岛）疏，主导下风向密。

② 布放样品：将 TLD 悬挂在栏杆或小树上，距地面 1.0m±0.3m，两组在相隔适当远处布放，以防同时丢失，在测量记录表上记录布样时间、地点、布样点地形地貌概况及布样人姓名，若布样点需临时转移，应先申请，获得准许后方可变更位置，并在记录表上注明。

③ 回收样品：TLD 自布出之日起三个月后收回，在测量记录表上填写回收地点、时间及收样人姓名，样品布放环境有较大变化或丢失时，应做好详细记录。取回的 TLD 若不能及时测量，应与伴随样品（刚经退火又未经辐照的 TLD）一起存放于铅罐中。

随堂感悟（思政元素）

1964 年 10 月我国第一颗原子弹爆炸成功。1967 年 6 月，我国第一颗氢弹试验成功。从第一颗原子弹爆炸到第一颗氢弹试验成功，中国只用了 2 年零 8 个月。1970 年 12 月 26 日，中国自主研制的第一艘核潜艇成功下水。艇上零部件有 4.6 万个，需要的材料多达 1300 多种，没有用一颗外国螺钉。

此后，核工业从军工走向民用。1970 年 2 月 8 日，周恩来总理指出，“二机部不能光是个爆炸部，还要发展核电。”随着新号令发出，新方向确立，从那时起，中国开启了和平利用原子能时代。

我国的核事业发展历程坎坷说明所有核心科技的发展需要靠自己，靠别人早晚要被卡脖子；我国和平利用核能发展民生凸显了党和国家谋求发展提高人民生活水平、一心为人民的宗旨没有变。

自学评测/课后实训

完成一次学院或附近某区域内的现场辐射环境 γ 剂量率的本底测量实训。

任务 2.7 监测环境样品的总 α、总 β 放射性

任务引入

项目需要对待建核设施周边环境介质中的总 α 和总 β 放射性进行测量，由负责该任务的龙工组建团队完成此任务，培训组员的总 α 和总 β 的测量原理和实践操作技能。

知识目标	能力目标	素质目标
1. 理解环境总 α 放射性的测量原理。 2. 理解环境总 β 放射性的测量原理。	1. 掌握 α 放射性的薄层样法监测。 2. 掌握 α 放射性的中间层厚度样法监测。 3. 掌握 α 放射性的饱和厚度层法监测。 4. 掌握 α 放射性的相对比较。 5. 掌握 β 放射性的测量标准方法。	1. 树立正确的科学辩证思维。 2. 树立正确的世界观。 3. 认识到生态文明建设的重要性。

2.7.1 α 放射性的薄层样法

环境介质中的总 α 放射性测量速度快、成本低，对大量放射性监测样能起到快速筛选作用，不仅节省时间，也节省大量人力和物力，所以目前仍是环境放射性测手段之一。在待测环境样品中，α 放射性核素组成简单或组分比例恒定时，如仅生产^{241}Am 的离子感应火灾报警器、铀精炼及元件制造企业的环境样品，总 α 放射性测量比核分析实用得多，能直接反映污染水平。《辐射环境监测技术规范》（HJ/T 61—2021）把环境样品中的总 α 放射性列为监测项目。

在环境监测中，常见核素发射 α 粒子的能量在 2～8MeV 之间，α 粒子在物质中的射程质量厚度在 10mg/cm 以下。由于 α 粒子易被样品源吸收，必须在测量中引入一项校正因子，称为 α 粒子的自吸收因子，它等于通过样品源的表面发射出的 α 粒子数与源在同一时间内的放射性核素衰变发射的总 α 粒子数之比，记为 f_s。设 α 粒子在样品源中的射程为 R，源的厚度为 H（R 和 H 单位通常以质量厚度 mg/cm 表示），对无限大的源的 f_s 表述为式(2-39)。

$$
\begin{aligned}
f_s&=1-\frac{H}{2R},H\leqslant R\\
f_s&=\frac{H}{2R},H>R
\end{aligned}
\tag{2-39}
$$

在实际分析中，自吸收校正一般通过实验刻度确定。按待测样品的厚度（相对于 α 粒子

数）不同可将放射性测量分为薄层样法、中间层厚度样法和厚层样法。

样品盘内被测物质的厚度一般小于 $1mg/cm^2$，这时仪器的探测效率可近似认为与薄 α 放射源（电镀源）直接刻度的探测效率相等，也就是忽略了样品的 α 自吸收，由此而得出的结果偏低一些（一般低 10%左右）。该法的特点是制样快、计算简单，尤其是对污染的水样或其他液体样品，可直接滴入样品盘内，烘干后即可测量。该法缺点是取样少，灵敏度低，样品厚度在样品盘内的均匀性不易控制。利用薄层样法测量样品 α 放射性的计算见式(2-40)。

$$A_\alpha=\frac{(n_s-n_b)\times 10^3}{60\eta_\alpha m} \tag{2-40}$$

式中，A_α 为被测样品的 α 放射性活度浓度，Bq/kg；n_s 为被测样品的 α 计数率（包括仪器本底），min^{-1}；n_b 为仪器的 α 本底计数率，min^{-1}；m 为样品盘内被测样品质量，mg；η_α 为仪器对 α 粒子的探测效率。

当被测样为水或其他液体样品时，计算公式为式(2-41)：

$$A_\alpha=\frac{(n_s-n_b)W}{60\eta_\alpha mY}(\mathrm{Bq/L}) \tag{2-41}$$

式中，W 为每升水样中所含残渣的质量，mg/L；Y 为制样回收率（由实验决定），$Y\leqslant 1$。

当被测样品为动植物或其他生物制品时，计算公式为式(2-42)：

$$A_\alpha=\frac{(n_s-n_b)\times 10^6}{60\eta_\alpha mKY}(\mathrm{Bq/kg}) \tag{2-42}$$

式中，K 为样品的鲜灰（干）比。

2.7.2 α 放射性的中间层厚度样法

中间层厚度样指被测样品在样品盘内的质量厚度不可忽略，但又未达到饱和层厚度，此时样品的 α 放射性计算公式为式(2-43)：

$$A_\alpha=\frac{(n_s-n_b)\times 10^6}{60\eta_\alpha sh\left(1-\frac{h}{2\delta}\right)}(\mathrm{Bq/kg}),h\leqslant\delta \tag{2-43}$$

式中，s 为样品盘有效面积，cm^2；h 为被测样品在样品盘内的质量厚度，mg/cm；δ 为 α 粒子的饱和层厚度或有效厚度，mg/cm^2，$1-h/2\delta$ 为自吸收修正系数。

当被测样品为水或其他液体蒸发制备而成时，计算公式为式(2-44)：

$$A_\alpha=\frac{(n_s-n_b)W}{60\eta_\alpha sh\left(1-\frac{h}{2\delta}\right)Y}(\mathrm{Bq}/L) \tag{2-44}$$

当被测样品为动植物或其他生物制品时，计算公式为式(2-45)：

$$A_\alpha=\frac{(n_s-n_b)\times 10^6}{60\eta_\alpha sh\left(1-\frac{h}{2\delta}\right)KY}(\mathrm{Bq/L}) \tag{2-45}$$

除非被测样品物质很少或来源有限，中间层厚度样法很少使用。原因是该法灵敏度低和制样困难，很难制成薄又均匀的中间层厚度样品。

2.7.3 α 放射性的饱和厚度层法

饱和厚度层法是测量样品总 α 放射性最常用的方法。所谓饱和厚度层法，就是样品盘中被测样品厚度 h 必须等于或大于 α 粒子在样品中的饱和层厚度 δ(δ 和 h 都必须用质量厚度表示，单位为 mg/cm^2)。必须强调的是，饱和层厚度 δ 并不等于 α 粒子在物质中的最大射程 R。对一定能量的 α 粒子，R 基本上是一个常数。而 δ 的值不但与 α 粒子的能量有关，也与特定的测量仪器有关。对一定能量的 α 粒子，不同的测量仪器或同一台测量仪器，在不同的测量条件下，δ 值并不一样，这要由实验测定。饱和层厚度 δ 的物理意义是样品最底层所射出的 α 粒子，垂直穿透样品层及其表面后，其剩余能量刚刚能触发仪器且被仪器记录下来的那一层样品的厚度。显然，$h<\delta$ 时，仪器的 α 计数率随 h 的增加而增加，但当 $h=\delta$ 时，仪器的 α 计数率达到最大值，此时若继续增加样品层厚度，仪器的 α 计数率保持不变。

利用饱和层法测样品中总 α 放射性的优点，就是样品层的厚度 $h>\delta$ 容易实现。饱和层法计算样品中 α 放射性公式如式(2-46)：

$$A_{\alpha}=\frac{(n_{s}-n_{b})\times 10^{6}}{30s\delta\eta_{\alpha}}(\mathrm{Bq/kg}) \tag{2-46}$$

当被测样是为水或其他液体蒸发制备时，计算公式为式(2-47)：

$$A_{\alpha}=\frac{(n_{s}-n_{b})W}{30s\eta_{\alpha}\delta Y}(\mathrm{Bq/L}) \tag{2-47}$$

当被测样品为动植物或其他生物制品时，计算公式为式(2-48)：

$$A_{\alpha}=\frac{(n_{s}-n_{b})\times 10^{6}}{30s\eta_{\alpha}\delta KY}(\mathrm{Bq/kg}) \tag{2-48}$$

以上式中的 δ 可由实验测定法和理论估算法确定。这里介绍一下理论估算法。由 α 粒子在空气中的射程经验式为式(2-49)：

$$R_{0}=0.318E_{\alpha}^{1.5}(\mathrm{cm}),E_{\alpha}\in(4\mathrm{MeV},7\mathrm{MeV}) \tag{2-49}$$

式中，E_{α} 为 α 粒子能量，单位 MeV。而 α 粒子在原子量为 A 的介质中的射程 R 可表示为式(2-50)：

$$R=R_{0}-\frac{\rho_{0}}{\rho}\sqrt{\frac{A}{A_{0}}}=3.2\times 10^{-4}\frac{R_{0}\sqrt{A}}{\rho}(\mathrm{cm}) \tag{2-50}$$

式中，ρ_0 和 ρ 分别是空气和介质材料的密度；A_0 为空气的平均原子量。

而 α 粒子在介质中的饱和层厚度定义为式(2-51)：

$$\delta=R\rho=3.2\times 10^{-4}R_{0}\sqrt{A}(\mathrm{g/cm^{2}}) \tag{2-51}$$

所以在知道 α 粒子在空气中的射程和介质的平均原子量 A 的情况下，可以估计出其饱和层厚度 δ。

2.7.4 α 放射性的相对比较法

此法比较简单。将放射性活度浓度已知的固体粉末，在样品盘内铺成一系列厚度不等的标准样品源，测出每个标准样品源相应的 α 计数率，然后以 α 计数率为纵坐标，标准样品源厚度为横坐标作图，得出样品厚度与计数率的关系曲线。

在测未知样品时，只要知道样品盘内的样品厚度，对照厚度与计数率的关系曲线，查出

相应的 α 计数率，按式(2-52) 即可求出样品的 α 放射性活度浓度。

$$A_{\alpha}=\frac{(n_{s}-n_{b})}{(n_{0}-n_{b})}A_{0} \tag{2-52}$$

式中，A_0 为固体粉末已知的放射性活度浓度，Bq/kg；n_0 为在某一样品厚度下由曲线查得的标准样品源相应的 α 计数率，min^{-1}；n_s 为被测样品的 α 计数率（包括仪器本底），min^{-1}；n_b 为仪器的 α 本底计数率，min^{-1}。

已知活度浓度的固体粉末的配制，可用天平称取一定量纯净样品粉末，加入已知量的天然铀标准，经研磨混合均匀后即可。

2.7.5　α 放射性探测下限

《辐射环境监测技术规范》（HJ 61—2021）规定：探测下限不是某一测量装置的技术指标，而是用于评价某一测量（包括方法、仪器和人员的操作等）的技术指标。给出探测下限必须同时给出与这一测量有关的参数，如测量效率、测量时间（或测量时间的程序安排）、样品体积或质量、化学回收率、本底及可能存在的干扰成分。

当样品测量时间 t 和本底测量时间 t_b 相等时，采用泊松分布标准差，若统计置信水平为 95%时，最小可探测样品净计数率 LLD_n 由式(2-53) 计算。

$$LLD_{n}=4.65\sqrt{\frac{n_{b}}{t_{b}}} \tag{2-53}$$

式中，n_b 为时间 t_b 内的平均本底计数率。

在环境样品总 α 放射性测量中样品的探测下限只需把 LLD_n 代替样品 α 放射性计算式中样品净计数率一项（即 n_s-n_b）计算即可求得。如采用饱和层法并以蒸发法测量水样时，计算公式为式(2-47)，当样品净计数率小于 $4.65\sqrt{\frac{n_b}{t_b}}$ 时，测定水样 α 放射性活度浓度的探测下限由式(2-54) 确定。

$$L_{D}=4.65\sqrt{\frac{n_{b}}{t_{b}}}\cdot\frac{W}{30s\delta\eta_{\alpha}Y}(Bq/L) \tag{2-54}$$

2.7.6　总 β 放射性测量

当介质中的 β 放射性核素组成和活度相对比较稳定时，总 β 放射性测量速度快、成本低，对大量放射性监测样品能起到快速筛选作用，不仅节省时间，也节省大量人力和物力，目前仍是环境放射性监测手段之一。《辐射环境监测技术规范》（HJ 61—2021）把环境样品中的总 β 放射性列为监测项目。

β 粒子的能量是连续谱，由零开始到某一最大值。核素不同，所发射 β 粒子的最大能量也不相同。例如 ^{40}K 的粒子最大能量为 1.33MeV，^{90}Sr 的 β 粒子最大能量为 0.55MeV。

β 粒子的贯穿能力比 α 粒子的大得多，很难采用饱和层法，也很难采用薄样法。在实践测量总 β 放射性时，通常都是将样品均匀铺于样品盘内，厚度在 $10\sim50mg/cm^2$ 之间，一般以 $20mg/cm^2$ 为宜。过厚时，低能 β 损失过大，将会带来较大的测量误差。测量样品总 β 放射性的计算公式为式(2-55)。

$$A_{\beta}=\frac{(n_{s}-n_{b})\times 10^{6}}{60\eta_{\beta}m} \tag{2-55}$$

式中，A_{β} 为被测样品的总β放射性活度浓度，Bq/kg；n_s 为样品的β计数率（包括仪器本底），min^{-1}；n_b 为仪器的β本底计数率，min^{-1}；m 为样品盘内被测样品的质量，mg；η_{β} 为仪器的总β探测效率。

当样品源为水或其他液体样品蒸发制备时，总β放射性的计算公式为式(2-56)：

$$A_{\beta}=\frac{(n_{s}-n_{b})W}{60\eta_{\beta}mY}(\mathrm{Bq/L}) \tag{2-56}$$

式中，W 为每升水样中所含残渣的质量，mg/L；Y 为制样回收率（由实验决定，$Y\leqslant 1$）。

当被测样品为动植物样品或其他生物制品时，总β放射性计算公式为式(2-57)：

$$A_{\beta}=\frac{(n_{s}-n_{b})\times 10^{6}}{60\eta_{\beta}mKY}(\mathrm{Bq/kg}) \tag{2-57}$$

式中，K 为样品的鲜灰（干）比。

2.7.7 β放射性测量中的注意点

在环境水样总β放射性分析中，常需要除去^{40}K的贡献。^{40}K是天然的、与稳定钾成固定比例的β辐射体。除去^{40}K贡献的总β放射性测定方法有两种，即减钾和去钾法。

① 减钾法：测定包括^{40}K在内的总β放射性，再用化学方法测定样品中的钾含量，根据^{40}K的丰度计算^{40}K的放射性，再减去^{40}K的放射性（β衰变部分）。

② 去钾法：用化学方法沉淀除^{40}K以外的β放射性核素（^{40}K不被沉淀），直接测定沉淀的放射性。

《生活饮用水卫生标准》(GB 5749—2022）中规定生活饮用水水质常规检验项目包括放射性指标：总β放射性，限值为1Bq/L。并指出放射性指标规定数值不是限值，而是参考水平，放射性指标超过上述数值时，必须进行核素分析和评价，以决定能否饮用。

世界卫生组织（WHO）2004年颁布的《饮用水水质导则》第三版推荐饮用水总β放射性筛选水平（低于此值，无需进一步行动）为1Bq/L，在样品分析测得的总β放射性中应减去^{40}K对β放射性的贡献。

水中^{40}K的分析方法见标准《水中钾-40的分析方法》(GB 11338—89)

日本科技厅颁布的《总β放射性测定法》介绍了海水去钾总β放射性的测定方法：

① 方法一：铁、钡共沉淀法。此法用于核试验产生的一些核裂变核素的测定，其分组回收率如下：阴离子43%；钴+铌91%；稀土类元素99%；碱土类元素28%。

② 方法二：硫化钴共沉淀法。此法用于核设施周围环境监测，对于^{59}Fe、^{60}Co、^{65}Zn、$^{95}Zr+^{95}Nb$、^{106}Ru等效率较高。回收率大致为：钌96%以上；锆+铌96%以上；铁、钴、锌99%；锶和铯0.3%。

随堂感悟（思政元素）

2011年3月11日日本东北太平洋地区发生里氏9.0级地震，继发生海啸，该地震导致福岛第一核电站、福岛第二核电站受到严重的影响，史称福岛核事故。事故发生后，对福岛附近海域开展了辐射水平研究，发现其辐射水平要比事故发生前高出5000万倍。2019年的一项研究表明，虽然福岛附近海域中鱼类体内放射性核素水平不怎么稳定，但仍然要比标准值偏高不少。即使远在美国加利福尼亚海岸出没的金枪鱼，也发现了来自福岛的低放射性铯。2011年8月24日本原子力安全保安院（NISA）将福岛核事故最终确定为核事故最高等级7级（特大事故），与1986年切尔诺贝利核电站事故同等级。

福岛县在核事故后以县内所有儿童约38万人为对象实施了甲状腺检查。截至2018年2月，已诊断159人患癌，34人疑似患癌。其中被诊断为甲状腺癌并接受手术的84名福岛县内患者中，约一成（8人）癌症复发，再次接受了手术。由此可见电离辐射带来的环境污染不容小视，和平安全利用核能是确保我国生态文明建设的基本保障。图2-17为福岛县因福岛核事故升起的蘑菇云，这也是日本本土升起的第三朵蘑菇云。

图2-17 福岛核事故的蘑菇云

自学评测/课后实训

1. 某α放射源释放的α粒子能力为4MeV，求其在平均原子量为64的物质里面的饱和层厚度δ?

2. 完成一次水样的总α放射性的测量。

项目3

环境噪声监测

项目导读

某省某环境监测公司中标了该省的环境噪声监测项目。项目的主要内容有：协助各地市完成当地的声功能区划分；监测城市声环境；监测工业企业厂界噪声；监测建筑施工场界噪声；监测社会生活噪声。

任务分解

由一名对环境噪声专业知识熟悉的员工担任项目负责人，并对项目组成员开展基础知识和技能的培训。

一组人员负责协助各地市完成当地各区域的声功能区划分。

一组人员负责各地市的城市声环境监测。

一组人员负责各地市的工业企业厂界噪声监测。

一组人员负责各地市的建筑施工场界噪声监测。

一组人员负责各地市的社会生活噪声监测和投诉事件。

任务3.1 认识声波的物理特性及其传播规律

任务引入

段工有扎实的环境噪声理论基础，公司安排段工作为负责人兼项目培训负责人，对整个项目组成员进行理论知识培训，然后对培训人员进行考核分类挑选出胜任相关岗位的负责人。

知识目标	能力目标	素质目标
1. 认识环境噪声污染。 2. 认识环境噪声的危害。	1. 掌握噪声的传播规律。 2. 学会声波传播的基本计算。	1. 树立正确的科学辩证思维。 2. 树立正确的世界观。 3. 认识到生态文明建设的重要性。

3.1.1 环境噪声的概念

声波污染也称为噪声污染。广义的噪声是指一切干扰、影响信号的扰动。狭义的噪声是指一切人们不需要的且能干扰到人们正常生活、工作、学习的声波。噪声的定义是非常主观的，且包含两个重要的因素，一是不需要，二是干扰。例如老师课堂上课，“干扰”到角落里睡觉的学生，这算不算噪声呢？这种情况是不能算作噪声的，因为老师上课的声音是学生在课堂上求知所需要的。又如机场飞机产生的声波对远在千里之外的居民算不算噪声呢？这个也不能算作噪声，虽然千里之外的居民不需要但也没有干扰到他们的正常生活、工作和学习。但是对机场附近的居民就算作噪声了，因为既不需要又干扰到了。噪声可以是无规律的，也可以是有规律的。通常情况下环境噪声都是无规律的非相干声波叠加而成的。

所以噪声的定义是要看受主的状态，同样的声源在不同的时间、不同的地点，对于不同的对象都有不一样的结论。环境噪声按噪声源种类可分为交通噪声、工业企业噪声、建筑施工噪声、社会生活噪声等。

交通噪声就是由人类各种交通出行方式所释放到环境中的声波。交通噪声在我国城市噪声中的比例可达70%左右，是城市噪声污染的主要部分，也是噪声治理的重要部分。

工业企业噪声是指人类在各种社会生产环节所释放到环境中的声波。治理工业企业噪声一是对工业企业的生产仪器进行优化设计，降低噪声排放；二是城市应合理规划，科学布局，让工业企业远离0类、1类和2类声环境功能区。

建筑施工噪声是人类在建造过程中向环境释放的声波，如修建公路、高铁站、居民住房等。建筑施工噪声随着我国城市化建设的加快，在城市噪声中的比例会有一个明显的增加过程。同时建筑施工噪声有明显的阶段性和时效性，在不同阶段释放的噪声会有很大区别，建造项目完成，建筑施工噪声结束或转换为其他噪声源。如公路修建完成后建筑施工噪声停止，但又会有交通噪声。

社会生活噪声是指人类在社会日常生活环节向周围居民释放的扰民声波。因此在日常生活中每个人既有可能是噪声的制造者也有可能是噪声的受害者。作为民众，每个人应该注意个人的生活习惯，提高自己的环境保护意识，减少社会生活噪声排放。

3.1.2 噪声污染的危害

噪声污染对人、动物、仪器仪表以及建筑物均构成危害，其危害程度主要取决于噪声的频率、强度及暴露时间。噪声危害主要包括：

（1）噪声对听力的损伤

噪声对人体最直接的危害是听力损伤。人们在进入强噪声环境时，暴露一段时间，会感到双耳难受，甚至会出现头痛等感觉。离开噪声环境到安静的场所休息一段时间，听力就会逐渐恢复正常。这种现象称为暂时性听阈偏移，又称听觉疲劳。但是，如果长期在强噪声环境下工作，听觉疲劳不能得到及时恢复，内耳器官就会发生器质性病变，形成永久性听阈偏移，又称噪声性耳聋。若人突然暴露于极其强烈的噪声环境中，听觉器官会发生急剧性外伤，引起鼓膜破裂出血，迷路出血，螺旋器从基底膜急性剥离，可能使人耳完全失去听力，即出现爆震性耳聋。

有研究表明，噪声污染是引起老年性耳聋的一个重要原因。此外，听力的损伤也与生活的环境及从事的职业有关，如农村老年性耳聋发病率与城市相比较低，纺织厂工人、锻工及铁匠与同龄人相比听力损伤更多。

（2）噪声对生理的危害

因为噪声可通过听觉器官作用于大脑中枢神经系统，影响到全身各个器官，故噪声除对人的听力造成损伤外，还会给人体其他系统带来危害。

在心血管系统方面，强噪声会使人出现脉搏和心率改变，血压升高，心律不齐，传导阻滞，外周血流变化等；在内分泌系统方面，强噪声会使人出现甲状腺功能亢进，肾上腺皮质功能增强，基础代谢率升高，性功能紊乱，月经失调等；在神经系统方面，强噪声会使人出现头痛、头晕、倦怠、失眠、情绪不安、记忆力减退等症状，脑电图慢波增加，植物性神经系统功能紊乱等；强噪声还会使人出现消化功能减退，胃功能紊乱，胃酸减少，食欲不振等症状。

在高噪声中工作和生活的人们，一般健康水平逐年下降，对疾病的抵抗力减弱，诱发一些疾病，但也和个人的体质因素有关，不可一概而论。对敏感人群、老弱病孕幼等要特别注意噪声的防治，保护其身心健康。孕妇长期处在超过 50dB 的噪声环境中，会出现内分泌腺体功能紊乱、精神紧张等，严重的会使血压升高、胎儿缺氧缺血、导致胎儿畸形甚至流产。而高分贝噪声能损坏胎儿的听觉器官，影响大脑的发育，导致儿童智力低下。

（3）噪声对心理的干扰

噪声对人的睡眠影响极大，人即使在睡眠中，听觉也要承受噪声的刺激。噪声会导致多梦、易惊醒、睡眠质量下降等，突然的噪声对睡眠的影响更为突出。当人经常处于睡眠不佳或噪声干扰环境下生活、工作，精神容易处于抑郁状态，容易产生心理疾病。据不完全统计，全球抑郁患者或者自杀事件中，有 10％～50％的是由噪声引起的。

（4）噪声会干扰人的谈话、工作和学习。

实验表明，当人受到突然而至的噪声一次干扰，就要丧失 4s 的思想集中。据统计，噪声会使劳动生产率降低 10％～50％，随着噪声的增加，差错率上升。由此可见，噪声会分散人的注意力，导致反应迟钝，容易疲劳，工作效率下降，差错率上升。噪声还会掩蔽安全信号，如报警信号和车辆行驶信号等，造成事故。

（5）噪声对动植物的影响

噪声能对动物的听觉器官、视觉器官、内脏器官及中枢神经系统造成病理性变化。噪声对动物的行为有一定的影响，可使动物失去行为控制能力，出现烦躁不安、失去常态等现象，强噪声会引起动物死亡。鸟类在噪声中会出现羽毛脱落，影响产卵率等。

实验证明，动物在噪声场中会失去行为控制能力，不但烦躁不安而且失去常态。如在 165dB 噪声场中，大白鼠会疯狂蹿跳、互相撕咬和抽搐，然后就僵直地躺倒。声致痉挛是声刺激在动物体（特别是啮齿类动物体）上诱发的一种生理-肌肉的失调现象，是声音引起的生理性癫痫，与人类的癫痫和可能伴随发生的各种病征有类似之处。噪声对动物听觉和视觉的影响。豚鼠暴露在 150～160dB 的强噪声场中，它的耳廓对声音的反射能力便会下降甚至消失，强噪声场中反射能力的衰减值约为 50dB。在噪声暴露时间不变的情况下，随着噪声声压级增高，耳廓反射能力明显减小或消失，而听力损失程度也越严重。实验表明，暴露在 150dB 噪声下的豚鼠耳廓反射能力经过 24h 以后基本恢复，这是暂时性的阈移；而暴露在 156dB 或 162dB 噪声场中的豚鼠耳廓反射能力的下降和消失很难恢复，这可能是一种永久性的损伤。对在强噪声场中暴露后的豚鼠的中耳进行解剖表明，豚鼠的中耳和卵圆窗膜都有不同程度的损伤，严重的可以观察到鼓膜轻度出血和裂缝状损伤。在更强噪声的作用下，豚鼠鼓膜甚至会穿孔和出现槌骨柄损伤。动物暴露在150dB以上的低频噪声场中，会引起眼部振动，造成视觉模糊。

噪声还会引起动物的病变。豚鼠在强噪声场中体温会升高，心电图和脑电图明显异常。心电图有类似心力衰竭现象。在强噪声场中脏器严重损伤的豚鼠在死亡前记录的脑电图表现为波率变慢，波幅趋于低平。经强噪声作用后，豚鼠外观正常，皮下和四肢并无异常状况，但通过解剖检查却可以发现，几乎所有的内脏器官都受到损伤：两肺各叶均有大面积瘀血、出血和瘀血性水肿；在胃底和胃部有大片瘀斑，严重的呈弥漫性出血甚至胃黏膜破裂，更严重的则是胃部大面积破裂；盲肠有斑片状或弥漫性瘀血和出血，整段盲肠呈紫褐色；其他脏器也有不同程度的瘀血和出血现象。

大量实验表明，强噪声场能引起动物死亡。噪声声压级越高，使动物死亡的时间越短。例如，170dB噪声大约6min就可能使半数受试的豚鼠死亡。对于豚鼠，噪声声压级增加3dB，半数致死时间相应减少一半。

（6）噪声对设备和结构危害

实验研究表明，特强噪声会损伤仪器设备，甚至使仪器设备失效。噪声对仪器设备的影响与噪声强度、频率以及仪器设备本身的结构与安装方式等因素有关。当噪声级超过150dB时，会严重损坏电阻、电容、晶体管等元件。当特强噪声作用于火箭、宇航器等机械结构时，声频交变负载的反复作用会使材料产生疲劳现象而断裂，这种现象叫作声疲劳。

一般的噪声对建筑物几乎没有影响，但是噪声级超过140dB时，对轻型建筑开始有破坏作用。例如，当超声速飞机在低空掠过时，在飞机头部和尾部会产生压力和密度突变，经地面反射后形成N形冲击波，传到地面时听起来像爆炸声，这种特殊的噪声叫作轰声。在轰声的作用下，建筑物会受到不同程度的破坏，如出现门窗损伤、玻璃破碎、墙壁开裂、抹灰震落、烟囱倒塌等现象。由于轰声衰减较慢，因此传播较远，影响范围较广。此外，在建筑物附近使用空气锤、打桩或爆破，也会导致建筑物的损伤。

3.1.3 声波的产生及描述方法

（1）声波的产生

各种各样的声音都起始于物体的振动。凡能产生声音振动的物体统称为声源，从物体的形态来分，声源可分成固体声源、液体声源和气体声源等。例如，锣鼓、大海和汽车等都是常见的声源。如果你用手指轻轻触及被敲击的鼓面，就能感觉到鼓膜的振动。所谓声源的振动就是物体（或质点）在其平衡位置附近进行的往复运动。

当声源振动时，就会引起声源周围弹性介质——空气分子的振动。这些振动的分子又会使周围的空气分子产生振动。这样，声源产生的振动就以声波的形式向外传播。声波不仅可以在空气中传播，也可以在液体和固体中传播。但是，声波不能在真空中传播，因为在真空中不存在能够振动的弹性介质。根据介质的不同，可以将声分成空气声、水声和固体声（结构）声等类型。

在空气中，声波是一种纵波，这时介质质点的振动方向是与声波的传播方向一致的。而质点的振动方向与声波的传播方向相互垂直的波称为横波。声波在固体和液体中既可能是纵波，也可能是横波。

需要注意是，纵波或横波都是通过相邻质点间的动量传递来传播能量的，而不是由物质的迁移来传播能量的。例如，若向水池中投掷小石块，就会引起水面的起伏变化，一圈一圈地向外传播，但是水质点（或水中的漂浮物）只是在原位置处上下运动，并不向外移动。

（2）描述声波的基本物理量

简谐波的表达式可以表示为式(3-1)：

$$y=A\cos(\sum B_i x_i+\varphi) \tag{3-1}$$

式中，y 为刻画波的振动状况；A 为振幅，表述为偏离平衡位置的大小，量纲与 y 相同；x_i 为波的第 i 个变量；B_i 为第 i 个变量的刻度系数，量纲为 x 的倒数，φ 为初始相位。

① 声压。当声源振动时，其邻近的空气分子受到交替的压缩和扩张，形成疏密相间的状态，空气分子时疏时密，依次向外传播，如图 3-1 所示。

此时空间中各点的压强发生变化，当某一部分空气变密时，这部分空气的压强 P 变得比平衡状态下的大气压强（静态压强）P_0 大；当某一部分的空气变疏时，这部分空气的压强 P 比静态大气压强 P_0 小。这样，在声波传播过程中会使空间各处的空气压强产生起伏变化。通常用 p 表示压强的起伏变化量，即实时气压 P 与静态压强的差值：$p=P-P_0$，称为声压。声压的单位是帕斯卡（Pa），$1\text{Pa}=1\text{N/m}^2$。很明显 p 是空间和时间的函数，即$p=p(x,y,z,t)$。

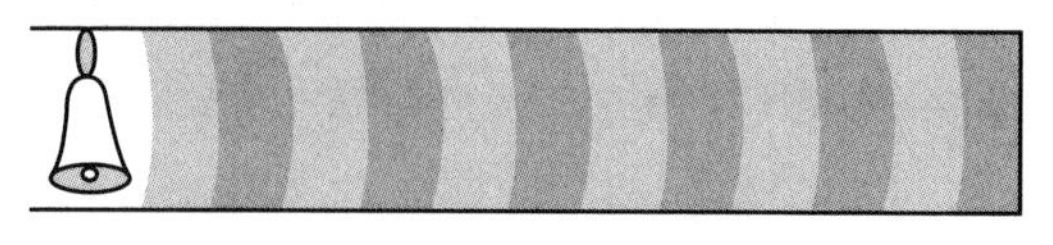

图 3-1　空气中的声波

假设声源在 x 轴上以简谐振动释放能量时，根据牛顿第二定律的微分形式可得到质点的振动方程，如式(3-2)。

$$\begin{aligned}
&F=ma\\
&\Rightarrow-\partial p\cdot s=\rho s\partial x\cdot\frac{\partial u}{\partial t}\\
&\Rightarrow-\frac{\partial p}{\partial x}=\rho\cdot\frac{\partial u}{\partial t}\\
&\Rightarrow U_x=U_0\cos(\omega t-kx)\\
&U_0=\frac{P_0}{\rho c}
\end{aligned} \tag{3-2}$$

式中，F 为之声源振动时对邻近介质产生的压力，$F=ps$；p 为声压，∂p 为声压的变化量；P_0 为最大声压，即介质在挤压到最大时的声压；s 为波阵面面积；m 为介质质量，$\text{m}=\rho v=\rho s\partial x$；$\rho$ 为介质密度；∂x 为挤压或膨胀带来的位移变化；a 为振动的加速度，$a=\frac{\partial u}{\partial t}$；$\partial u$ 为振动速度的变化量；U_x 为 x 轴向上的振动速度函数；t 为时间；U_0 为质点的最大振动速度，其能声源的声功率 W 决定，如式(3-3)；ω 为角频率，由声源振动频率决定，$\omega=2\pi f$，f 为声源的振动频率；k 为波数，$k=\frac{2\pi}{\lambda}$，λ 为波长，由介质决定。

$$\begin{aligned}
&E=W\text{t}=\frac{1}{2}mU_0^2=\frac{1}{2}\rho sx\ \frac{P_0^2}{\rho^2\text{c}^2}\\
&\Rightarrow W=\frac{1}{2}\frac{P_0^2}{\rho\text{c}^2}\cdot\frac{x}{t}\cdot s=\frac{P_0^2}{2\rho c}\cdot s=Is
\end{aligned} \tag{3-3}$$

式中，E 为声能，J；W 为声功率，定义为声源在单位时间内发射的总能量，瓦特（W）；c 为声波在该介质中的传播速度，$c=\frac{x}{t}=\lambda f$，m/s；I 为声强，定义为声场中某点处，与质点速度方向垂直的单位面积上在单位时间内通过的声能称为瞬时声强，是一个矢量。

对于稳态声场，声强是指瞬时声强在一定时间 t 内的平均值。声强的符号为 I，单位为瓦特每平方米（W/m^2），其表达式为式(3-4)。

$$I=\frac{P_0^2}{2\rho c} \tag{3-4}$$

很显然，研究声波可以用声压 p 代替式(3-1) 中的研究量 y，即得到式(3-5)：

$$p=p(x,y,z,t)=P_0\cos(\sum B_i x_i+\varphi) \tag{3-5}$$

对于函数 p 满足三角函数变化关系的，其有效值 p_e 可等于振幅的 $1/\sqrt{2}$，即式(3-6)：

$$p_e=\frac{P_0}{\sqrt{2}} \tag{3-6}$$

式中 p_e 为有效声压，在没有特殊说明的情况下，一般所言的声压均指有效声压 p_e。则式(3-4) 可变为式(3-7)。

$$I=\frac{p_e^2}{\rho c} \tag{3-7}$$

由声源出发，声能传播的路径定义为声线。空间中各点振动时偏离平衡位置大小相同，即式(3-5) 中 $\sum B_i x_i$ 相同的点组成的曲面叫波阵面，波阵面与声线垂直。在声波理论研究中可把声源分为点声源、线声源和面声源，其对应的声波模型分别为球面声波、柱面声波和平面声波，具体如表 3-1 所示。

表 3-1　声源和声波模型对应的现实参照

声源模型	声波模型	现实参照
点声源	球面声波	常见的噪声源
线声源	柱面声波	交通噪声源
面声源	平面声波	声级计校准器

② 球面声波。当声源的几何尺寸比声波波长小得多时，或者测量点离开声源相当远时，则可以将声源看成一个点，称为点声源。在各向同性的均匀介质中，从一个表面同步胀缩的点声源发出的声波是球面声波，也就是以声源点为球心。继续研究式(3-5)，对空间采取球坐标体系，如图 3-2，显然以任何值 r 为半径的球面上声波的相位相同。

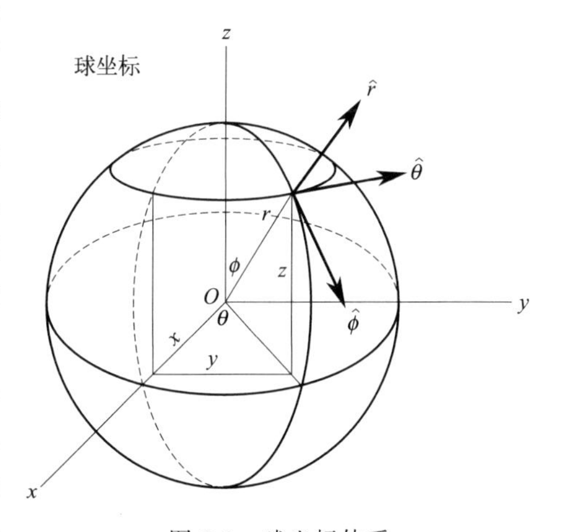

图 3-2　球坐标体系

此时函数 p 变为了 $p=p(\theta,\phi,r,t)$ 对函数 p 求空间和时间的二阶导，由于波阵面是球面声波，在半径 r 相同的球面均为同一波阵面，则在此波阵面上 p 不随 θ 和 ϕ 发生变化，此时 p 只是 r 和 t

的函数，在则函数对 θ 和 ϕ 求二阶导均为 0，求导结果为式(3-8)。

$$\frac{\partial^2(rp)}{\partial r^2}=\frac{1}{c^2}\frac{\partial^2(rp)}{\partial t^2} \tag{3-8}$$

代入初始条件可求得此微分方程的解为式(3-9)：

$$p=(r,t)=\frac{P_0}{r}\cos(\omega t-kr) \tag{3-9}$$

球面声波的一个重要特点是，振幅随传播距离 r 的增加而减少，二者成反比关系。则此时球面声波的声强 I 变为式(3-10)，式中可以看出声强与距离的平方成反比关系。

$$I=\frac{P_e^2}{\rho c}=\frac{P_0^2}{2\rho c r^2} \tag{3-10}$$

③ 柱面声波。波阵面是同轴圆柱面的声波称为柱面声波，其声源一般可视为“线声源”。在各向同性的均匀介质中，从一个表面同步胀缩的线声源发出的声波是柱面声波，也就是以声源线为轴线，以任何值 r 为半径的柱面。继续研究式(3-5)，对空间采取球坐标体系，如图 3-3，显然半径 r 相同的柱面上声波的相位相同。

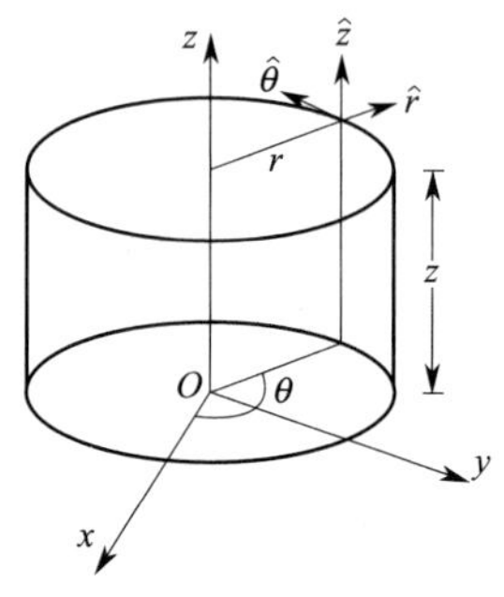

图 3-3　柱坐标系

此时函数 p 变为了 $p=p(\theta,z,r,t)$，对函数 p 求空间和时间的二阶导，由于波阵面是球面声波，在半径 r 相同的球面均为同一波阵面，则在此波阵面上 p 不随 θ 和 z 发生变化，此时 p 只是 r 和 t 的函数，在则函数对 θ 和 z 求二阶导均为 0，求导结果为式(3-11)。

$$\frac{1}{r}\frac{\partial}{\partial r}\left(r\frac{\partial p}{\partial r}\right)=\frac{1}{c^2}\frac{\partial^2 p}{\partial t^2} \tag{3-11}$$

代入初始条件可求得此微分方程的解为式(3-12)：

$$p=p(r,t)=p_0\sqrt{\frac{2}{\pi kr}}\cos(\omega t-kr) \tag{3-12}$$

其幅值由于$\sqrt{2/\pi kr}$存在，随径向距离的增加而减少，与距离的平方根成反比。则此时球面声波的声强 I 变为式(3-13)，式中可以看出声强与距离的一次方成反比关系。

$$I=\frac{P_e^2}{\rho c}=\frac{P_0^2}{\pi k\rho c r} \tag{3-13}$$

④ 平面声波。当声波的波阵面是垂直于传播方向的一系列平面时，称其为平面声波。所谓波阵面是指空间同一时刻相位相同的各点的轨迹曲线。若将振动活塞置于均匀直管的始端，管道的另一端伸向无穷，当活塞在平衡位置附近做小振幅的往复运动时（图 3-4），在管道内同一截面上各质点将同时受到压缩或扩张，具有相同的振幅和相位。这就是平面声波。声波传播时处于最前沿的波阵面也称为波前。通常，可以将各种远离声源的声波近似地看成平面声波。平面声波在数学上的处理比较简单，和球面声和柱面声波一样可以变为一维问题。通过对平面声波的详细分析，可以了解声波的许多基本性质。

继续研究式(3-5)，对空间采取直角坐标系，如图 3-5。

显然以 yOz 面为波阵面，x 为传播方向。则在此波阵面上 p 不随 y 和 z 发生变化，此时 p 只是 x 和 t 的函数，$p=p(x,t)$。则函数对 y 和 z 求二阶导均为 0，求导结果为式(3-14)。

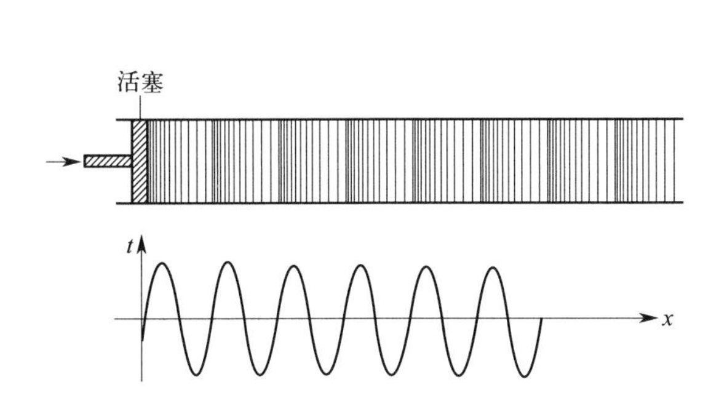

图 3-4　平面声波示意图

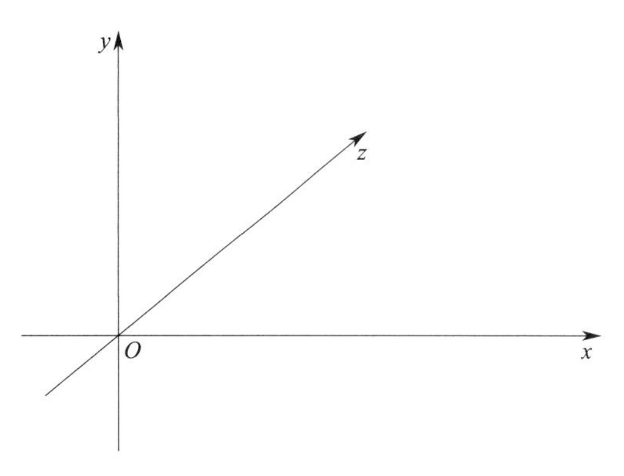

图 3-5　直角坐标系

$$\frac{\partial^2 p}{\partial x^2}=\frac{1}{c^2}\frac{\partial^2 p}{\partial t^2} \tag{3-14}$$

代入初始条件可求得此微分方程的解为式(3-15)：

$$p=p(x,t)=P_0\cos(\omega t-kx) \tag{3-15}$$

平面声波的一个重要特点是，振幅随传播距离 x 的增加而不变，是个常数，此时声强 $I=\frac{P_0^2}{2\rho c}$ 依然是个常数。在噪声测量时所用的校准器释放的便是平面声波，如图 3-6。

图 3-6　声级计校准器

3.1.4　声波的叠加

前面讨论的各类声波都是只包含单个频率的简谐声波。而实际遇到的声场，如谈话声、音乐声、机器运转声等，不只含有一个频率或只有一个声源。这样就涉及声的叠加原理，各声源所激起的声波可在同一介质中独立地传播，在各个波的交叠区域，各质点的声振动是各个波在该点激起的更复杂的复合振动。在处理声波的发射问题时也会用到叠加原理。

（1）相干波和驻波

假定几个声源同时存在，在声场某点处的声压分别为 p_1，p_2，p_3，…，p_n 那么合成声场的瞬时声压 p 为式(3-16)：

$$p=p_1+p_2+\cdots+p_n=\sum_{i=1}^{n}p_i \tag{3-16}$$

式中，p_i 为第 i 列波的瞬时声压。

如果，两个声波频率相同，振动方向相同，且存在恒定的相位差，则可表示为式(3-17)：

$$\begin{aligned}p_1&=P_{01}\cos(\omega t-kx_1)=P_{01}\cos(\omega t-\varphi_1)\\p_2&=P_{02}\cos(\omega t-kx_2)=P_{02}\cos(\omega t-\varphi_2)\end{aligned} \tag{3-17}$$

式中，x_1 与 x_2 的坐标原点是由各列声波独自选定的，不一定是空间的同一个位置。由三角函数的叠加原理得式(3-18)。

$$p=p_1+p_2=P_T\cos(\omega t-\varphi) \tag{3-18}$$

由三角函数关系知：

$$P_T^2=P_{01}^2+P_{02}^2+2P_{01}P_{02}\cos(\varphi_2-\varphi_1) \tag{3-19}$$

$$\varphi=\tan^{-1}\frac{P_{01}\sin\varphi_1+P_{02}\sin\varphi_2}{P_{01}\cos\varphi_1+P_{02}\cos\varphi_2} \tag{3-20}$$

上述分析表明，对于两个频率相同、振动方向相同、相位差恒定的声波，合成声仍是一个同频率的声振动。它们之间的相位差为：

$$\Delta\varphi=(\omega t-\varphi_1)-(\omega t-\varphi_2)=\varphi_2-\varphi_1=k(x_2-x_1) \tag{3-21}$$

$\Delta\varphi$ 与时间 t 无关，仅与空间位置有关，对于固定地点，x_1 和 x_2 确定，所以 $\Delta\varphi$ 是常量。原则上对于空间不同位置，$\Delta\varphi$ 会有变化。由式(3-21) 可知，合成声波的声压幅值 P_T 在空间的分布随 $\Delta\varphi$ 变化。在空间某些位置振动始终加强，在另一些位置振动始终减弱，此现象称为干涉现象。这种具有相同频率、相同振动方向和恒定相位差的声波称为相干波。

当 $\Delta\varphi=0$，$\pm2\pi$，$\pm4\pi$，…时，P_T 为极大值，$P_{Tmax}=|P_{01}+P_{02}|$；在另外一些位置，当 $\Delta\phi=0$，$\pm\pi$，$\pm3\pi$，$\pm5\pi$，…时，P_T 为极小值，$P_{Tmin}=|P_{01}-P_{02}|$，这种声压幅值 P_T 随空间不同位置有极大值和极小值分布的周期波称为驻波，其声场称为驻波声场。驻波的极大值和极小值分别称为波腹和波节。当 P_{01} 与 P_{02} 相等时，$P_{Tmax}=2P_{01}$，$P_{Tmin}=0$，驻波现象最明显。

（2）不相干波

在一般的噪声问题中，经常遇到的多个声波，或者是频率互不相同，或者是相互之间并不存在固定的相位差，或者是两者兼有，也就是说，这些声波是互不相干的。这样对于空间某定点，$\Delta\varphi$ 不再是固定的常值，而是随时间作无规则变化，叠加后的合成声场不会出现驻波现象。

在不相干的情况下，各个声波间不存在固定相位差时，其能量可以直接叠加，根据声强公式，总声压表示为式(3-22)：

$$\begin{aligned} &I=I_1+I_2+\cdots+I_n\\ &\Rightarrow\frac{p_e^2}{\rho c}=\frac{p_{1e}^2}{\rho c}+\frac{p_{2e}^2}{\rho c}+\cdots+\frac{p_{ne}^2}{\rho c}\\ &\Rightarrow p_e^2=p_{1e}^2+p_{2e}^2+\cdots+p_{ne}^2=\sum_{i-1}^{n}p_{ie}^2 \end{aligned} \tag{3-22}$$

但是，如果要求某一时刻的瞬态值时，还应由 $P_T=\sum_{i=1}^{n}P_i$，即式(3-16) 来计算，两者不能混淆。

3.1.5 声波的反射、透射、折射和衍射

声波在空间传播时会遇到各种障碍物，或者遇到两种介质的界面。这时，依据障碍物的形状和大小，会产生声波的反射、透射、折射和衍射。声波的这些特性与光波十分相近。

（1）垂直入射声波的反射和透射

当声波入射到两种介质的界面时，一部分会经界面反射回到原来的介质中称为反射声波，一部分将进入另外一种介质中称为透射声波。

以平面声波为例，入射声波 p_i 垂直入射到介质Ⅰ和介质Ⅱ的分界面，介质Ⅰ的特性阻

抗为 $\rho_1 c_1$，介质Ⅱ的特性阻抗为 $\rho_2 c_2$，分界面位于 $x=0$ 处，如图 3-7 所示。

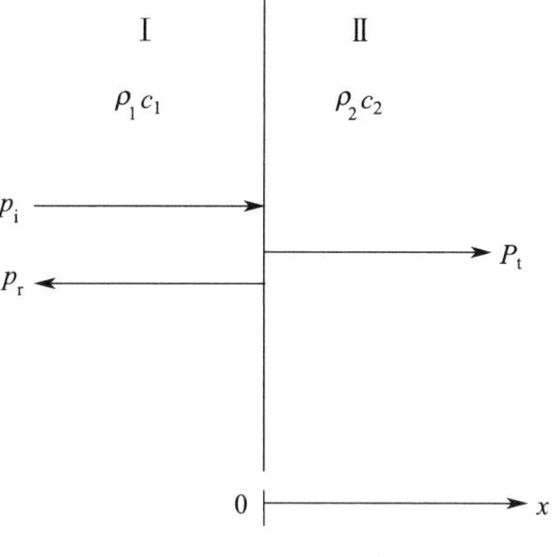

图 3-7　平面声波垂直入射到两种介质的分界面

在分界面，即 $x=0$ 处，可看作介质Ⅰ也可以看作介质Ⅱ，因为在分界面两边的声压是连续相等的，则有式(3-23)：

$$p_1 = p_2 \tag{3-23}$$

且因为两种介质在界面密切接触，界面两边介质质点的法向振动速度也应该连续相等，即式(3-24)：

$$u_1 = u_2 \tag{3-24}$$

将在介质Ⅰ中沿 x 方向传播的入射平面声波表示为式(3-25)，式中，$k_1=\omega/c_1$。

$$p_i = P_i\cos(\omega t - k_1 x) \tag{3-25}$$

当 p_i 入射到 $x=0$ 处的分界面时，在介质Ⅰ中产生沿负 x 方向传播的反射波 p_r，在介质Ⅱ中产生沿正 x 方向传播的透射声波 p_t，分别表示为式(3-26) 和式(3-27)，式中，$k_2=\omega/c_2$。

$$p_r = P_r\cos(\omega t + k_1 x) \tag{3-26}$$

$$p_t = P_t\cos(\omega t - k_2 x) \tag{3-27}$$

根据声波的叠加关系，即式(3-16) 可得到在介质Ⅰ中的总声压函数为式(3-28)：

$$p_1 = p_i + p_r = P_i\cos(\omega t - k_1 x) + P_r\cos(\omega t + k_1 x) \tag{3-28}$$

在介质Ⅱ中仅有透射声波，故可得式(3-29)：

$$p_2 = P_t\cos(\omega t - k_2 x) \tag{3-29}$$

相应的质点振动速度可由式(3-30) 表示：

$$\begin{aligned} u_1 &= u_i + u_r \\ &= \frac{P_i}{\rho_1 c_1}\cos(\omega t - k_1 x) - \frac{P_r}{\rho_1 c_1}\cos(\omega t - k_1 x) \\ u_2 &= u_t = \frac{P_t}{\rho_2 c_2}\cos(\omega t - k_2 x) \end{aligned} \tag{3-30}$$

在 $x=0$ 界面处，声压连续和质点振动速度连续，故可得式(3-31)：

$$\begin{aligned} & P_i + P_r = P_t \\ & \frac{1}{\rho_1 c_1}(P_i - P_r) = \frac{1}{\rho_2 c_2}P_t \end{aligned} \tag{3-31}$$

因此，只要知道入射声波 p_i，就能由上述两式求出反射声波 p_r 和透射声波 p_t。通常，用声压的反射系数 r_p 和透射系数 τ_p 来表述界面处的声波反射、透射特性。由上述两式可以得到式(3-32) 来表示 r_p 和 τ_p：

$$\begin{aligned} r_p &= \frac{P_r}{P_i} = \frac{\rho_2 c_2 - \rho_1 c_1}{\rho_2 c_2 + \rho_1 c_1} \\ \tau_p &= \frac{P_t}{P_i} = \frac{2\rho_2 c_2}{\rho_2 c_2 + \rho_1 c_1} \end{aligned} \tag{3-32}$$

由式(3-32) 可知：

$$当\ \rho_2c_2<\rho_1c_1\ 时, r_p=\frac{P_r}{P_i}=\frac{\rho_2c_2-\rho_1c_1}{\rho_2c_2+\rho_1c_1}<0$$

$$当\ \rho_2c_2>\rho_1c_1\ 时, \tau_p=\frac{P_t}{P_i}=\frac{2\rho_2c_2}{\rho_2c_2+\rho_1c_1}>1 \tag{3-33}$$

$$当\ \rho_2c_2\neq\rho_1c_1\ 时, r_p+\tau_p=\frac{3\rho_2c_2-\rho_1c_1}{\rho_2c_2+\rho_1c_1}\neq 1$$

很明显这是由于选择了声压 p 作为研究对象造成的，因为声压 p 并不是守恒量。作为能量污染，研究反射系数和透射系数时应当采用守恒量，如声强 I。定义声强的反射系数 r_I 和透射系数 τ_I，可得式(3-34)：

$$\begin{aligned} r_I&=\frac{I_r}{I_i}=\left(\frac{P_r^2}{2\rho_1c_1}\right)/\left(\frac{P_i^2}{2\rho_1c_1}\right)=\left(\frac{P_r}{P_i}\right)^2=r_p^2=\left(\frac{\rho_2c_2-\rho_1c_1}{\rho_2c_2+\rho_1c_1}\right)^2 \\ \tau_I&=\frac{I_t}{I_i}=\left(\frac{P_t^2}{2\rho_2c_2}\right)/\left(\frac{P_i^2}{2\rho_1c_1}\right)=\left(\frac{P_r}{P_i}\right)^2=\frac{\rho_1c_1}{\rho_2c_2}\tau_p^2=\frac{4\rho_1c_1\cdot\rho_2c_2}{(\rho_2c_2+\rho_1c_1)^2} \end{aligned} \tag{3-34}$$

此时参照式(3-33) 可得式(3-35)：

$$\begin{aligned} r_I&=\frac{I_r}{I_i}=\left(\frac{P_r^2}{2\rho_1c_1}\right)/\left(\frac{P_i^2}{2\rho_1c_1}\right)=\left(\frac{P_r}{P_i}\right)^2=r_p^2=\left(\frac{\rho_2c_2-\rho_1c_1}{\rho_2c_2+\rho_1c_1}\right)^2\in[0,1] \\ \tau_I&=\frac{I_t}{I_i}=\left(\frac{P_t^2}{2\rho_2c_2}\right)/\left(\frac{P_i^2}{2\rho_1c_1}\right)=\left(\frac{P_r}{P_i}\right)^2=\frac{\rho_1c_1}{\rho_2c_2}\tau_p^2=\frac{4\rho_1c_1\cdot\rho_2c_2}{(\rho_2c_2+\rho_1c_1)^2}\in[0,1] \\ r_I&+\tau_I=1 \end{aligned} \tag{3-35}$$

当 $\rho_1c_1<\rho_2c_2$ 时，介质Ⅱ比介质Ⅰ“硬”些，若 $\rho_1c_1\ll\rho_2c_2$，则有 $r_p\approx1$、$\tau_p\approx2$ 和 $r_I\approx1$、$\tau_I\approx0$。空气中的声波入射到空气与水的界面上或空气与坚实墙面的界面上时，就相当于这种情况。介质相当于刚性反射体。在界面上入射声压与反射声压大小相等，且相位相同，总的声压达到极大，近似等于 $2p_i$，而质点速度为零。这样在介质Ⅰ中形成驻波，在介质Ⅱ中只有压强的静态传递，并不产生疏密交替的透射声波。

反之，当 $\rho_1c_1>\rho_2c_2$ 时，称为“软”边界，若 $\rho_1c_1\gg\rho_2c_2$，则有 $r_p=1$、$\tau_p\approx0$，和 $r_I\approx1$、$\tau_I\approx0$，这样在介质Ⅰ中，入射声压与反射声压在界面处，大小相等、相位相反，总声压达到极小，近等于零，而质点速度达到极大，在介质中产生驻波声场。这时在介质Ⅱ中也没有透射声波。

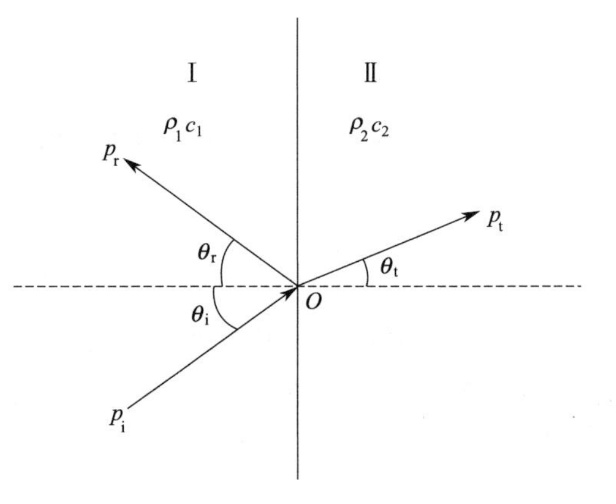

图 3-8　声波的斜入射

（2）斜入射声波的入射、反射和折射

当平面声波斜直入射于两介质的界面时，情况更为复杂，如图 3-8 所示，入射声波 p_i 与界面法线成 θ_i 角入射到分界面上，这时反射波 p_r 与法线成 θ_r 角，在介质Ⅱ中，透射声波 p_t 与法向成 θ_t 角，透射声波与入射声波不再保持同一传播方向，形成声波的折射。这时，入射声波、反射声波与折射声波的传播方向应满足 Snell 定律，即式(3-36)：

$$\frac{\sin\theta_i}{c_1}=\frac{\sin\theta_r}{c_2}=\frac{\sin\theta_t}{c_2} \tag{3-36}$$

式(3-36)可以写成反射定律，即入射角等于反射角 $\theta_i=\theta_r$；也可写成折射定律，即入射角的正弦与折射角的正弦之比等于两种介质中的声速之比，见式(3-37)。

$$\frac{\sin\theta_i}{\sin\theta_r}=\frac{c_1}{c_2} \tag{3-37}$$

这表明若两种介质的声速不同，声波传入介质时方向就要改变。当 $c_2>c_1$ 时会存在某个 θ_i 值，即 $\theta_{ie}=\arcsin(c_1/c_2)$，使得 $\theta_t=\pi/2$。当声波以大于 θ_{ie} 的入射角入射时，声波不能进入介质中从而形成声波的全反射。

关于入射声波、反射声波及折射声波之间振幅的关系，仍可根据界面上的边界条件求得。在边界上，两边的声压与法向质点速度（即垂直于界面的质点速度分量）应连续，即式(3-38)：

$$\begin{aligned} & p_i+p_r=p_t \\ & u_i\cos\theta_i+u_r\cos\theta_r=u_t\cos\theta_t \end{aligned} \tag{3-38}$$

于是，可以得到式(3-39)和式(3-40)：

$$r_p=\frac{p_r}{p_i}=\frac{\rho_2c_2\cos\theta_i-\rho_1c_1\cos\theta_t}{\rho_2c_2\cos\theta_i+\rho_1c_1\cos\theta_t} \tag{3-39}$$

$$\tau_p=\frac{p_t}{p_i}=\frac{2\rho_2c_2\cos\theta_i}{\rho_2c_2\cos\theta_i+\rho_1c_1\cos\theta_t} \tag{3-40}$$

通常，将入射声波在界面上失去的声能（包括透射到介质中去的声能）与入射声能之比称为吸声系数 α。由于能量与声压平方成正比，故有式(3-41)。

$$\alpha=1-|r_p|^2 \tag{3-41}$$

由于 r_p 的数值与入射方向有关，因此 α 也与入射方向有关。所以在给出界面的吸声系数时，需要注明是垂直入射吸声系数，还是无规则入射吸声系数。

（3）声波的散射与衍射

如果障碍物的表面很粗糙（也就是表面的起伏程度与波长相当），或者障碍物的大小与波长差不多，入射声波就会向各个方向散射。这时障碍物周围的声场是由入射声波和散射声波叠加而成的。

散射波的图形十分复杂，既与障碍物的形状有关，又与入射声波的频率（即波长与障碍物大小之比）密切相关。一个简单的例子，障碍物是一个半径为 r 的刚性圆球，平面声波自左向右入射。当波长很长时，散射声波的功率与波长的四次方成反比，散射波很弱，而且大部分均匀分布在对着入射的方向。当频率增加，波长变短，指向性分布图形变得复杂起来。继续增加频率至极限情况时，散射波能量的一半集中于入射波的前进方向，而另一半比较均匀地分布在其他方向。

由于总声场是由入射声波与散射声波叠加而成的，因此对于低频情况，在障碍物背面散射波很弱，总声场基本上等于入射声波，即入射声波能够绕过障碍物传到其背面形成声波的衍射。声波的衍射现象不仅在障碍物比波长小时存在，即使障碍物很大，在障碍物边缘也会出现声波衍射。波长越长，这种现象就越明显。例如，路边的声屏障不能将声音（特别是低频声）完全隔绝就是由于声波的衍射效应。

（4）声像

当声波频率较高，传播途径中遇到的物体几何尺寸相对声波波长大很多时，常可暂时抛开声波的波动特性，直接用声线来讨论声传播问题，这与几何光学中用光线来处理问题十分相似。如图 3-9 所示，一个点声源 S 位于一个相当大的墙面附件，在空间 R 点的总声压为两者的叠加。若将墙面看成无限大的刚性壁面，对入射声波做完全的刚性反射。反射波就可看成从一个虚声源 S′发出的。刚性壁面的作用等效于产生一个虚声源，好像光线在镜面的反射一样，称为镜像原理。虚声源 S′称为声源 S 声像。在 R 点接收到的声波可由点声源 S 发出的球面波和虚声源 S′发出的球面波之和求得，见式(3-42)：

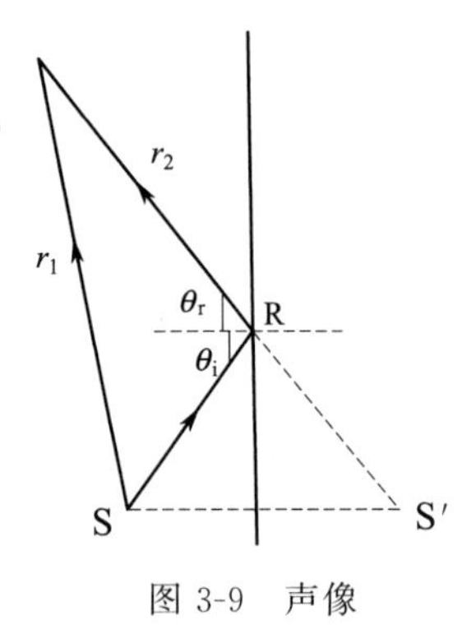

图 3-9　声像

$$p = p_d + p_r = p_s + p_{s'} = \frac{P_0}{r_1}\cos(\omega t - kr_1) + \frac{P_0}{r_2}\cos(\omega t - kr_2) \tag{3-42}$$

式中，p_d、p_r 分别为直达声和反射声的声压；r_1、r_2 分别为 S 和 S′到 R 点的距离。

当障碍物的几何尺寸远大于声波波长时，对于高频声波，就可以应用声像法来处理反射问题。尤其是对一些不规则的反射面用波动方法难以处理，而用声像方法却很简单。当反射面不是刚性界面时仍可引入虚声源 S′，只是虚声源 S′的强度不等于实际声源 S 的强度，而需乘以反射系数 r_p。

3.1.6　声压级

日常生活中会遇到强弱不同的声音。这些声音的强度变化范围相当宽，人们正常说话的声功率为 10^{-5}W，而强力火箭发射时的声功率高达 10^9W，两者相差 10^{14} 数量级。对于如此广阔范围的能量变化，直接使用声功率和声压的数值来表示很不方便。另一方面，人耳对声音强度的感觉并不正比于强度的绝对值，而是更接近正比于其对数值。由于这两个原因，在声学普遍使用对数标度。

（1）级的概念

当研究的物理量跨度太大时，往往会引入级的概念，定义如式(3-43)。

$$L = 10\lg\frac{A}{A_0} \tag{3-43}$$

式中，L 为级，分贝（dB），dB 为无量纲量；A 为待分析物理量，要求 A 为守恒量；A_0 为基准值，或参考量，量纲同 A 一样。

（2）声压级

在声学研究中，由于研究对象声压 p 小可到 μPa，大可到 Pa，跨度为 10^6，如果是能量通量为研究对象，小可 10^{-12}，大可到 10^0，跨度为 10^{12}，显然在如此跨度下需要引入级。由于级的定义里面要求 A 为守恒量，根据式(3-33）知道不能将声压 p 直接代入级的定义里面，此时采用声强 I 得到声强级 L_I，如式(3-44)。

$$L_I = 10\lg\frac{I}{I_0} \tag{3-44}$$

式中，I 为被量度的声强；I_0 为基准声强，在空气中，基准声强 I_0 取为 $10^{-12}\,\mathrm{W/m^2}$，其意义为大部分人刚好能听到一个 1000Hz 声波的声强。

根据声强的定义式(3-7）可得式(3-45)：

$$I=\frac{p^2}{\rho c}$$
$$I_0=\frac{p_0^2}{\rho c} \tag{3-45}$$

将式(3-45)代入式(3-44)可得声压级 L_p，如式(3-46)。

$$L_I=10\lg\frac{I}{I_0}=10\lg\frac{p^2/\rho c}{p_0^2/\rho c}=10\lg\frac{p^2}{p_0^2}=20\lg\frac{p}{p_0}=L_p \tag{3-46}$$

式中，p 为被量度的声压的有效值，即 p_e；p_0 为基准声压，在空气中，规定基准声压 p_0 为正常青年人耳朵刚能听到的1000Hz的纯音的声压值，一般约为 2×10^{-5}Pa。

由此看出声压级和声强级是相等的，只是测量量不一样，一个为声强，一个为声压。同时如果声压级为0dB并不意味着没有声音，而是大部分人可闻声的起点，声强每增加10dB，其声级就增加10dB。各种环境的声压和声压级见表3-2。

表3-2 各种环境的声压和声压级

环境	声压级/dB	声压/Pa
听阈	0	2×10^{-5}
树叶沙沙声	20	2×10^{-4}
安静房间	40	2×10^{-3}
普通说话	60	2×10^{-2}
交通干线	70	0.063
纺织车间	100	2
喷气式飞机	150	630

由式(3-3)声功率 $W=Is$ 可得 $I=\frac{W}{s}$，代入式(3-44)，可得式(3-47)：

$$L_I=10\lg\frac{I}{I_0}=10\lg\frac{\frac{W}{s}}{I_0}=10\lg\left(\frac{W}{W_0}\cdot\frac{W_0}{I_0 s}\right) \tag{3-47}$$

式中，W 为被量度的声功率的平均值，对于空气介质，定义基准声功率 $W_0=10^{-12}$W。

由于 $I_0=10^{-12}\text{W/m}^2$，当波阵面 s 代入 m^2 量纲时，上式可变型为式(3-48)，得到声功率级 L_W。

$$L_I=10\lg\left(\frac{W}{W_0}\cdot\frac{W_0}{I_0 s}\right)=10\lg\frac{W}{W_0}-10\lg s=L_W-10\lg s$$
$$L_W=10\lg\frac{W}{W_0} \tag{3-48}$$

则声强级、声压级和声功率级三者之间的关系为：

$$L_p=L_I=L_W-10\lg s \tag{3-49}$$

对于球面声波、柱面声波和平面声波，代入波阵面 s 表达式可得到以下关系。

球面声波的自由空间中，$s=4\pi r^2$，则：

$$L_p=L_I=L_W-10\lg s=L_W-10\lg 4\pi r^2\approx L_W-20\lg r-11 \tag{3-50}$$

球面声波的半自由空间中，$s=2\pi r^2$，则：

$$L_p = L_I \approx L_W - 20\lg r - 8 \tag{3-51}$$

柱面声波 $s = 2\pi rz$，则：

$$\begin{aligned} L_p &= L_I = L_W - 10\lg s = L_W - 10\lg 2\pi r \cdot z \\ &\approx L_{W'} - 10\lg r - 8 \\ L_{W'} &= 10\lg \frac{\frac{W}{z}}{W_0} \end{aligned} \tag{3-52}$$

式中，$L_{W'}$ 为线声源的单位长度的声功率级。

平面声波的波阵面 $s = s_0$，即声源的面积，则：

$$L_p = L_I = L_W - 10\lg s_0 \tag{3-53}$$

很明显平面声波的声压级和声强级是一个常数，但球面声波和柱面声波的声压级随传播距离 r 的变大而变小。

3.1.7 级的运算

(1) 级的叠加

两个或两个以上的独立声源作用于声场中某一点时，就产生了声音的叠加。声能量是可以代数相加的，而声级由于是对数关系，不能代数相加。假设两个声源的声功率分别为 W_1 和 W_2，则总的声功率 $W_T = W_1 + W_2$，当两个声源在声场某点的声强分别为 I_1 和 I_2 时，叠加后的总声强 $I_T = I_1 + I_2$，但声压是不能直接相加的。

由非相干声波的叠加公式(3-22) 可知：

$$p_T^2 = p_1^2 + p_2^2 \tag{3-54}$$

根据定义：$L_{p_1} = 10\lg\left(\frac{p_1}{p_0}\right)^2$，$L_{p_2} = 10\lg\left(\frac{p_2}{p_0}\right)^2$，对其求逆运算，可得式(3-55)：

$$\begin{aligned} \left(\frac{p_1}{p_0}\right)^2 &= 10^{0.1L_{p_1}} \\ \left(\frac{p_2}{p_0}\right)^2 &= 10^{0.1L_{p_2}} \end{aligned} \tag{3-55}$$

则总声压级可表示为式(3-56)：

$$L_{p_T} = 10\lg\frac{p_T^2}{p_0^2} = 10\lg\frac{p_1^2 + p_2^2}{p_0^2} = 10\lg[10^{0.1L_{p_1}} + 10^{0.1L_{p_2}}] \tag{3-56}$$

对应 n 个声源的一般情况有式(3-57)：

$$L_{p_T} = 10\lg\left(\sum_{i=1}^{n} 10^{0.1L_{p_i}}\right) \tag{3-57}$$

如果 $L_{p_1} = L_{p_2}$，即两个声源的声压级相等，则总声压级可表示为式(3-58)：

$$L_p = L_{p_1} + 10\lg 2 \approx L_{p_1} + 3 \tag{3-58}$$

即作用于某一点的两声源的声压级相等，其合成的总声压级比一个声源的声压级增加 3dB，而不是增加一倍。

如有 n 个声源的声压级相等都为 L_p，则总声压级：

$$L_{p_T} = L_p + 10\lg n \tag{3-59}$$

当有多个声源，且其作用于某一个点时的声压级不相等时，按上式计算比较麻烦，可以利用图3-10或查表3-3来计算。设 $L_{p_1} \geqslant L_{p_2}$，令 $\Delta L_p = L_{p_1} - L_{p_2}$，则 $L_{p_2} = L_{p_1} - \Delta L_p$，代入式(3-57)则有：

$$
\begin{aligned}
L_{p_T} &= 10\lg[10^{0.1L_{p_1}} + 10^{0.1(L_{p_1} - \Delta L_p)}] \\
&= L_{p_1} + 10\lg(1 + 10^{-0.1\Delta L_p}) \\
&= L_{p_1} + \Delta L'
\end{aligned}
\tag{3-60}
$$

式中，$\Delta L' = 10\lg(1 + 10^{-0.1\Delta L_p})$。由此可绘制成图3-10或表3-3，从而可直接在图或表中查出特殊的两声级叠加时的总声级。

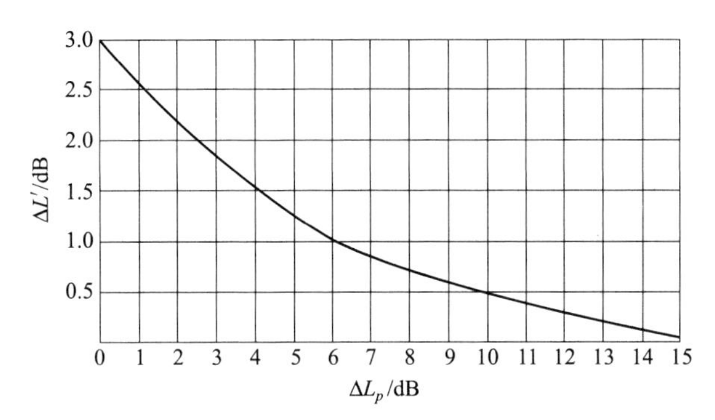

图3-10 分贝相加曲线

表3-3 声级运算加法表 单位：dB

$\Delta L'$	ΔL_p	$\Delta L'$	ΔL_p
0	3	7	0.8
1	2.5	8	0.6
2	2.1	9	0.5
3	1.8	10	0.4
4	1.5	11、12	0.3
5	1.2	13、14	0.2
6	1.0	15	0.1

例如：$L_{p_1} = 85\text{dB}$，$L_{p_2} = 80\text{dB}$，由于 $\Delta L = L_{p_1} - L_{p_2} = 85\text{dB} - 80\text{dB} = 5\text{dB}$，由表3-3查得 $\Delta L' = 1.2\text{dB}$，因此 $L_{p_T} = L_{p_1} + \Delta L' = 85\text{dB} + 1.2\text{dB} = 86.2\text{dB}$。或者直接代入式(3-56)可得 $L_{p_T} = 10\lg(10^{8.5} + 10^8)\text{dB} = 86.2\text{dB}$。

由表3-3可知，两个噪声的声级相加，总声压级与其中任何一个声源的声级相差不超过3dB，而两个声压级相差15dB以上时，叠加的声能可以忽略不计。

掌握了两个声源的叠加，就可以推广到多个声级的叠加，例如：三台机器设备作用于某点的声压级分别为80dB、87dB和84dB，则其合成后的总声压级可由下列方法计算：

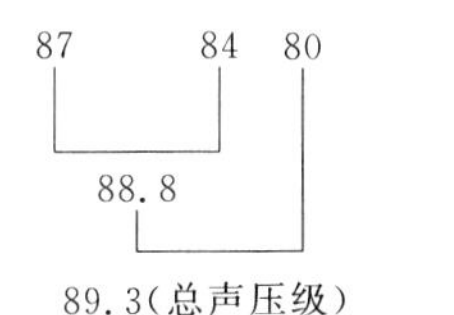

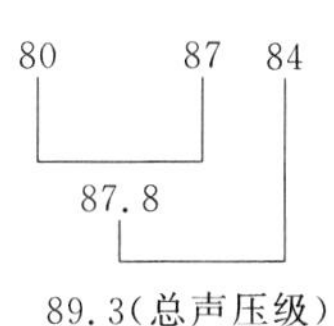

需要注意的是，如果两个声源相关，它们发出的声波会发生干涉，这时应先求出瞬时声压，再由瞬时声压求出总声压的有效值 p_T^2，最后根据定义求出总声压级 L_{p_T}。

（2）级的“相减”

在噪声测量时往往会受到外界噪声的干扰，例如，存在测量环境的背景噪声（或称本底噪声），这时用仪器测得某噪声源运行时的声级是包括背景噪声在内的总声级 L_{p_T}。那么就需要从总声级中扣除噪声源停止排噪时的背景噪声声级 L_{p_B}，得到机器的真实噪声声压级 L_{p_s}，这就是级的“相减”。

假设背景噪声的声级为 L_{p_B}，噪声源的声级为 L_{p_s}，由前面声级相加可知：$L_{p_T}=10\lg[10^{0.1L_{p_B}}+10^{0.1L_{p_s}}]$，则被测声源的声级为式(3-61)：

$$L_{p_s}=10\lg[10^{0.1L_{p_T}}-10^{0.1L_{p_B}}] \tag{3-61}$$

可见，级的“相减”实际上是声能量相减，而不是简单的数值算术相减。同样，可以令总声压级 L_{P_T} 与背景噪声声压级 L_{P_B} 的差值为：$\Delta L_{p_B}=L_{p_T}-L_{p_B}$，则求得总声级与背景声级的线性差值：

$$\Delta L_{p_s}=L_{p_T}-L_{p_B}=-10\lg[1-10^{0.1\Delta L_{p_B}}] \tag{3-62}$$

则 $L_{p_s}=L_{P_T}-\Delta L_{p_s}$ 以 ΔL_{p_B} 为横坐标，ΔL_{p_s} 为纵坐标，可绘制图 3-11 或表 3-4，由 L_{p_T} 和 L_{p_B} 的差值 ΔL_{p_B} 查出修正值 ΔL_{p_s}。

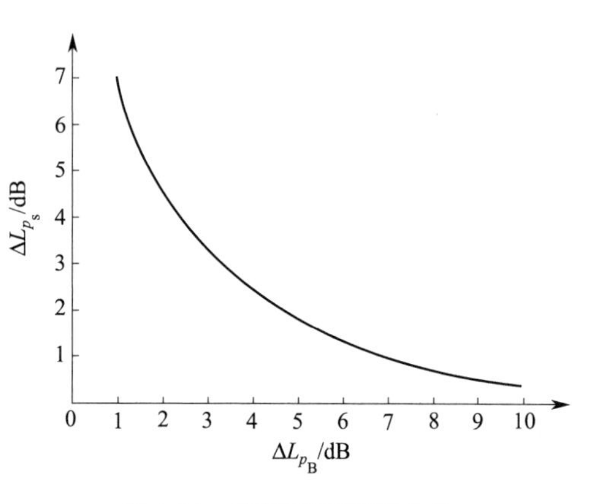

图 3-11　背景噪声修正曲线

级的相加和“相减”的实质是声能量的加减。因此，相应的公式不仅适用于声压级的运算，同样也适用于声强级和声功率级的运算。

表 3-4　声级运算减法表　　单位：dB

ΔL_{p_B}	1	2	3	4	5	6	7	8	9	10
ΔL_{p_s}	6.9	4.4	3	2.3	1.7	1.3	1	0.8	0.6	0.4

【例 3-1】 在某一车间，风机开动时，某测点噪声为 94dB，当风机停止运行时，测得测点的背景噪声为 85dB，求该风机在该测点的噪声级。

解： 由题意得：$L_{p_T}=94\text{dB}$，$L_{p_B}=85\text{dB}$，$\Delta L_{p_B}=94\text{dB}-85\text{dB}=9\text{dB}$，由表 3-4 可知 $\Delta L_{p_s}=0.6\text{dB}$，因此该风机的实际噪声 $L_{p_s}=L_{p_T}-\Delta L_{p_s}=94\text{dB}-0.6\text{dB}=93.4\text{dB}$。

或者直接代入式(3-61) 解得 $L_{p_s}=10\lg[10^{9.4}-10^{8.5}]=93.4\text{dB}$。

3.1.8 传播规律

声在传播过程中将产生反射、折射和衍射等现象，并在传播过程中引起衰减。这些衰减通常包括声能随距离的发散传播引起的衰减 A_d、空气吸收引起的衰减 A_a、地面吸收引起的衰减 A_g、屏障引起的衰减 A_b 和气象条件引起的衰减 A_m 等。总的衰减值 A 则是各种衰减的总和，如式(3-63)：

$$A=A_d+A_a+A_g+A_b+A_m \tag{3-63}$$

（1）发散衰减

发散衰减也叫距离衰减，指声波从声源向周围空间传播时会产生发散。令声波在 r_1 处的声压级为 L_{p_1}，r_2 处的声压级为 L_{p_2}，则发散衰减 $A_d=L_{p_1}-L_{p_2}$。这种衰减模式只取决于声波模型。

① 球面声波自由空间。由式(3-50) 可得：

$$\begin{aligned} L_{p_1}&=L_W-20\lg r_2-11 \\ L_{p_2}&=L_W-20\lg r_2-11 \\ A_d&=L_{p_1}-L_{p_2}=20\lg r_2-20\lg r_1=20\lg\frac{r_2}{r_1} \end{aligned} \tag{3-64}$$

② 球面声波半自由空间。由式(3-51) 可得：

$$\begin{aligned} L_{p_1}&=L_W-20\lg r_2-8 \\ L_{p_2}&=L_W-20\lg r_2-8 \\ A_d&=L_{p_1}-L_{p_2}=20\lg r_2-20\lg r_1=20\lg\frac{r_2}{r_1} \end{aligned} \tag{3-65}$$

③ 柱面声波。由式(3-52) 可得：

$$\begin{aligned} L_{p_1}&=L_{W'}-10\lg r_2-8 \\ L_{p_2}&=L_W-10\lg r_2-8 \\ A_d&=L_{p_1}-L_{p_2}=10\lg r_2-10\lg r_1=10\lg\frac{r_2}{r_1} \end{aligned} \tag{3-66}$$

④ 平面声波。由式(3-53) 可得：

$$\begin{aligned} L_{p_1}&=L_W-10\lg s_0 \\ L_{p_2}&=L_W-10\lg s_0 \\ A_d&=L_{p_1}-L_{p_2}=0 \end{aligned} \tag{3-67}$$

可以看出平面声波没有发散衰减，柱面声波的发散衰减比球面声波发散衰减少一半。在实际情况中，还应考虑声辐射的指向性。此外应将公路上排列成串的车辆或长列车火车等声源看成线声源，将厂房的大面积墙面和大型机器的振动外壳等看成面声源。

（2）空气吸收

空气吸收是指声波在空气中传播时，因空气的黏滞性和热传导，在压缩和膨胀过程中，使一部分声能转化为热能而损耗。这种吸收也称为经典吸收。此外，声波在介质中传播时，还存在分子弛豫吸收。空气分子转动或振动时存在固有频率，当声波的频率接近这些频率时要发生能量交换。能量交换的过程都有滞后现象，这种现象称为弛豫吸收。它能使声速改变、声能被吸收。可以采用下面的半经验公式来估算空气吸收衰减。在 20℃时：

$$A_a=7.4\times\frac{f^2 d}{\phi}\times10^{-8}(\mathrm{dB}) \tag{3-68}$$

式中，f 为声波频率，Hz；d 为传播距离，m；ϕ 为相对湿度。

对不同温度下的空气吸收衰减，可用式(3-69) 估计：

$$A_a(T,\phi)=\frac{A_a(20℃,\phi)}{1+\beta\Delta Tf}(\mathrm{dB}) \tag{3-69}$$

式中，ΔT 为温度 T 与 20℃相差的摄氏温度；β 为常数，$\beta=4\times10^{-6}$。

（3）地面吸收

当声波沿地面长距离传播时，会受到各种复杂地面条件的影响。开阔的平地、大片的草地、灌木树丛、丘陵、河谷等均会对声波传播产生附加衰减。

当地面是非刚性表面时，地面吸收将会对声波传播产生附加衰减，但短距离（30～50m）衰减可忽略，而在 70m 以上应予以考虑。

声波在厚的草地上面或穿过灌木丛传播时，频率为 1000Hz 的附加衰减较大，可高达 25dB/100m。附加衰减量的计算公式为：

$$A_{g_1}=(0.18\lg f-0.31)d(\mathrm{dB}) \tag{3-70}$$

声波穿过树木或森林的声衰减实验表明，不同树林的衰减相差很大，从浓密的常绿树冠 1000Hz 时有 23dB/m 的衰减，到地面上稀疏的树干只有 3dB/100m 甚至更小的附加衰减。各种树林平均的附加衰减，大致可以由式(3-71) 表示。

$$A_{g_2}=0.01f^{1/3}d(\mathrm{dB}) \tag{3-71}$$

（4）声屏障的衰减

当声源与接收点之间存在密实材料形成的障碍物时会产生显著的附加衰减。这样的障碍物称为声屏障。声屏障可以是专门建造的墙或板，也可以是道路两旁的建筑物或低凹路面两侧的路堤等。

声波遇到屏障时会产生反射、透射和衍射三种传播现象。屏障的作用就是阻止直达声的传播，隔绝透射声，并使衍射声有足够的衰减。

声屏障的附加衰减与声源及接收点相对屏障的位置、屏障的高度及结构，以及声波的频率密切相关。一般而言，屏障越高、声源及接收点离屏障越近、声波频率越高，声屏障的附加衰减越大。

（5）气象条件对声波传播的影响

雨、雪、雾等对声波的散射会引起声能的衰减。但这种因素引起的衰减量很小，大约每 1000m 衰减不到 0.5dB，因此可以忽略不计。

风和温度梯度对声波传播的影响很大。地面对运动空气的摩擦使靠近地面的风有一个梯度，从而使顺风和逆风传播的声速也有一个梯度。声速与温度有关。在晴天阳光照射下的午后，地面上方有显著的温度负梯度，使声速随高度的增加而减小，在夜间则相反。

风速梯度和温度梯度使地面上的声速分布发生变化，从而使声波沿地面传播时发生折射。当声波发生向上偏的折射时，就可能出现“声影区”，即因折射而传播不到直达声的区域，声影区出现在上风的方向，同时也可以解释晴天日间声波沿地面传播不远，而夜间可以传播很远的现象。

3.1.9 声源的指向性

声场中声压大小、空间分布、时间特性、频率特性等都与声源的辐射性质密切相关。实际声源的声波情况均很复杂，要详细地定量描述声场中声压与声源辐射特性之间的关系甚为困难。一般把声源分成点声源、线声源、面声源几种理想情况。

声源在自由空间中辐射声波时，其强度分布的一个主要特性是指向性。例如，飞机在空中飞行时，在它的前后、左右、上下各个方向等距离处测得的声压级是不相同的。

常用指向性因数 R_θ 来表征声源的指向性。它的定义是：在离声源中心相同距离处，测量球面上各点的声强，求得所有方向上的平均声强 $\overline{I}$，将某一 θ 方向上的声强 I_θ 与其相比就是该方向的指向性因数，如式(3-72)：

$$R_\theta=\frac{I_\theta}{\overline{I}} \tag{3-72}$$

由于在自由空间中声强 I 与有效声压的平方值 p^2 之间存在对应关系。因此也可由 p^2 来直接计算 R_θ。

考虑到声源辐射的指向性，需要对声压级的计算公式进行适当修正，例如，对于自由场空间的点声源，其在某一 θ 方向上距离 r 处的声压级可表示为式(3-73)：

$$L_{p\theta}=L_W-20\lg r+D-11 \tag{3-73}$$

式中，D 为指向性指数，$D=10\lg R_\theta$。

具有指向性的声源，在空间各方向的辐射强度会有不同，但是在声源辐射的远场区，沿着某一确定方向从 r_1 传播到 r_2 时的衰减 A_d 仍可照旧计算。

此外，指向性因数或指向性指数通常是与频率相关的。因此计算 $L_{p\theta}$ 时要分频段加以计算，然后再将各频段的声压级相加求出总的声压级。只有当声功率频谱中某个频段的能量占显著优势时，才可以用该频段的指向性来代表声源在整个频带中的指向性。

随堂感悟（思政元素）

声能的传播需要介质，就像人的才华体现需要舞台，只要你有才华，舞台自然就有了。

理想的声波模型在现实生活中是没有的，只有近似，理想状态的人是没有的，只能向心中理想的自己不断靠近，所以即使没有实现理想的自己也不要气馁，毕竟那只是向前的动力，而不是终点。

像驻波一样，人生需要有与自己“频率一样，方向一样的”同志，才能演绎精彩人生。

声波的衍射显示，波长越长、频率越低的波传播得越远，人生亦是如此，想要前进得更远，首先要让自己有一个“静若处子”的内心，遇事波澜不惊。

声波的叠加显示，能量太低的声波在叠加时往往直接可以忽略，人亦是如此，要想让自己的“声音”大，就先强大自己。

声能量在传播过程中的衰减告诉我们，扩散会带来“失真”，作为目前信息时代大家在阅读或者扩散一些信息时要学会鉴别信息的可信度。

自学评测/课后实训

1. 噪声影响语言的清晰度，下列哪一项影响最大（　　）。

A. 干涉　　B. 掩蔽　　C. 反射　　D. 衍射

2. 在某敏感点有4台声强级都为80dB的机器和2台声强级都为85dB的机器同时工作时产生的噪声，等同于1台声强级为多少的机器单独工作时产生的噪声？（　　）

A. 86dB　　B. 90dB　　C. 92dB　　D. 94dB

3. 已知声源的声功率 $W=1\times10^{-6}$W，声源的声功率级为（　　）dB。

A. 1×10^{-6}　　B. 1×10^{6}　　C. 60　　D. 120

4. 两个同一频率的声源在某点的声压级均为80dB，则该点总的声压级为（　　）。

A. 80dB　　B. 83dB　　C. 160dB　　D. 0dB

5. 某一理想自由空间的点源，声功率级为100dB，则离点源10m处的声压级为（　　）。

A. 100dB　　B. 90dB　　C. 72dB　　D. 69dB

6. 平面声波的几何发散引起的衰减为（　　）。

A. $20\lg\frac{r}{r_0}$　　B. $15\lg\frac{r}{r_0}$　　C. $10\lg\frac{r}{r_0}$　　D. 0dB

7. 关于点声源、线声源和平面声源，其中距离衰减最明显的是（　　）。

A. 点声源　　B. 一样　　C. 平面声源　　D. 线声源

8. 某一平面声波在密度为1.21kg/m^3，声速为340m/s的介质中传播，介质的最大振动速度为$1.0\times10^{-3}\text{m/s}$，则声波在该介质中的有效声压为__________。这个声波产生的声压级为__________，如果该平面声波的波振面面积为1.0m^2，其声功率为__________。（其中$p_0=20\mu\text{Pa}$，$W_0=1.0\times10^{-12}\text{J/s}$。）

9. 在声波模型研究中可把所有声波分为__________、__________和平面声波三种。

10. 声音从一种介质Ⅰ进入另一种介质Ⅱ时，当入射角θ大于临界角$\theta_{ie}=\arcsin(c_1/c_2)$时，该声波会产生__________现象。

11. 某评价项目的噪声预测中，已知声源时间特性稳定，且为1000Hz的点源，功率为1.0×10^3W。某评价测量点离点源100m远，中间无障碍物，地表植被浓密，空气吸收忽略不计。求该预测点位的声压级。其中$A_g=(0.18\lg f-0.31)d$(dB)。

任务3.2　掌握噪声监测评价量

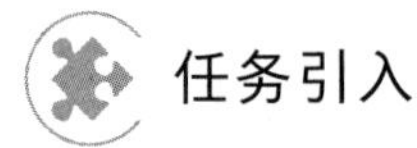
任务引入

段工完成培训后，挑选了几个理论基础扎实的员工作为项目骨干继续接受培训，要求这批人深度掌握噪声监测的评价量，为下一步实地进行监测做好准备。

知识目标	能力目标	素质目标
1. 熟悉声波的频带划分。 2. 熟悉最基本的噪声评价量的意义。	1. 会计算频带划分。 2. 会计算计权声级。 3. 会计算等效连续声级。 4. 会分析等到累积百分数声级。	1. 树立正确的科学辩证思维。 2. 树立正确的世界观。 3. 认识到生态文明建设的重要性。

噪声对人的危害和影响包括各个方面。噪声评价的目的是有效地提出适合人们对噪声反应的主观评价量。由于噪声变化特性的差异以及人们对噪声主观反应的复杂性，使得对噪声的评价较为复杂。多年来各国学者对噪声的危害和影响程度进行了大量研究，提出了各种评价指标和方法，期望得出与主观反应相对应的评价量和计算方法，以及所允许的数值和范围，大致可概括为与人耳听觉特征有关的评价量、与心理情绪有关的评价量、与人体健康有关的评价量、与室内人们活动有关的评价量等几方面。以这些评价量为基础，各国都建立了相应的环境噪声标准。这些不同的评价量及标准分别适用于不同的环境、时间、噪声源特征和评价对象。由于环境噪声的复杂性，历来提出的评价量（或指标）很多，迄今已有几十种。本节着重分析讲解与环境噪声评价最密切的评价量，即反映声波与听觉特征有关的声音

大小和与情绪有关的声音吵闹程度的评价量。

3.2.1 频带划分

人耳能听到的频率范围为20～20000Hz，但在实际测量中很少遇到单频声，一般都是由许多频率组合而成的复合声，因此常常需要对声音进行频谱分析。若以频率为横坐标，以反映相应频率处声信号强弱的量（例如声压、声强、声压级等）为纵坐标，即可绘出声音的频谱图。

图3-12给出了几种典型的噪声频谱，其中复合谱是在连续谱中叠加了能量较高的线状谱。这些频谱反映了声能量在各个频率处的分布特性。

由能量叠加原理可知，频率不同的声波是不会产生干涉的，即使这些不同频率的声波是由同一声源发出的，它们的总声能仍旧是各频率分量上的能量叠加。在进行频谱分析时，对线状谱声音可以测出单个频率的声压级或声强级。但对于连续谱声音，则只能测出某个频率附近Δf带宽内的声压级或声强级。

为了方便起见，常将连续的频率范围划分成若干相连的频带（或称频程），并且经常假定每个小频带内声能量是均匀分布的。显然，频带宽度不同，所测得的声压级或声强级也不同。对于足够窄的带宽Δf，定义$W(f)=p^2/\Delta f$，称为谱密度。

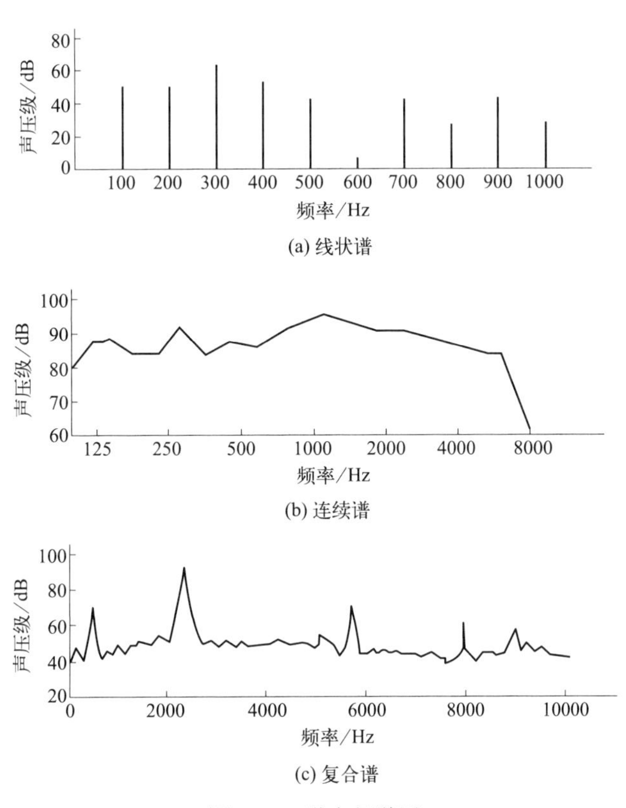

(a) 线状谱

(b) 连续谱

(c) 复合谱

图3-12 噪声频谱图

频谱分析仪通常分为两类：一类是恒定带宽的分析仪，另一类是恒定百分比宽带的分析仪。恒定带宽分析仪用一固定滤波器，信号用外差法将频率移到滤波器的中心频率，因此带宽与信号无关。在环境噪声中的频谱分析是采用恒定百分比宽带的分析仪，用式(3-74）表示，如图 3-13，将频率轴标划分为 n 段，f_1 到 f_2 是其中一段，用该段中心频率 f_0 表示该段频带，其中 $f_0=\sqrt{f_1 f_2}$。大多数滤波器的频率响应如图 3-14 所示。频率 f_1 和 f_2 处输出比中心频率 f_0 小 3dB，称之为下限截止频率和上限截止频率。带宽 $\Delta f=f_2-f_1$。滤波器的作用是让频率在 f_2 和 f_1 间的所有信号通过，且不影响信号的幅值和相位，同时，阻止频率在 f_1 以下和 f_2 以上的任何信号通过。

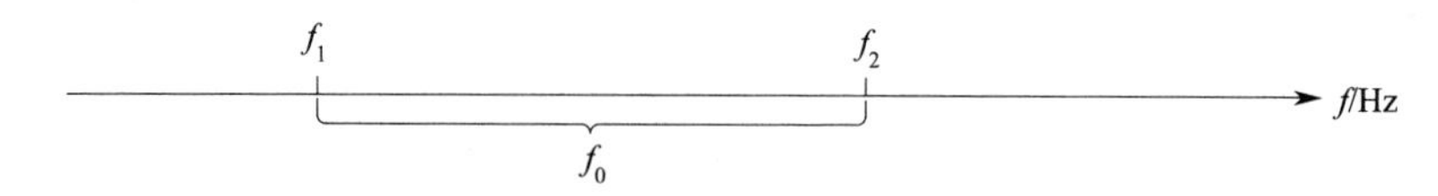

图 3-13 频谱分析的频率划分

$$\frac{f_2}{f_1}=2^n \tag{3-74}$$

式中，n 即为该分析方法中 n 倍频程中的“n”。n 一般的取值为 1、1/2 和 1/3，分别叫作 1 倍频程（简称倍频程）、1/2 倍频程和 1/3 倍频程。

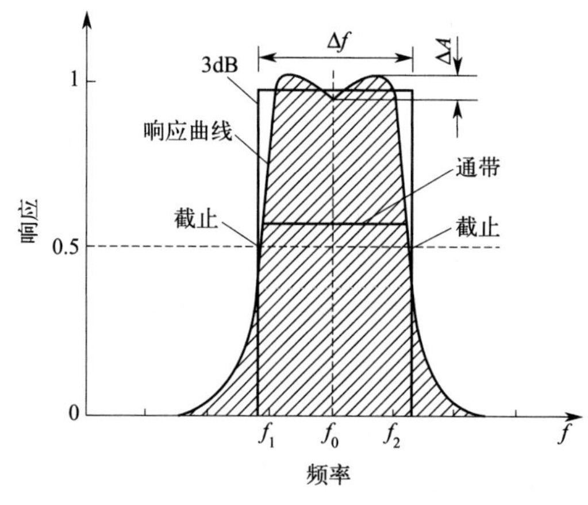

图 3-14 滤波器的频率响应

根据式(3-74) 可得：

$$f_0=\sqrt{f_1 f_2}=\sqrt{f_1 \cdot 2^n f_1}=2^{\frac{n}{2}} f_1 \tag{3-75}$$

则可得到式(3-76)：

$$\begin{aligned} f_1&=2^{-\frac{n}{2}} \cdot f_0 \\ f_2&=2^{\frac{n}{2}} \cdot f_0 \end{aligned} \tag{3-76}$$

则带宽可表示为式(3-77)：

$$\Delta f=f_2-f_1=2^{\frac{n}{2}} \cdot f_0-2^{-\frac{n}{2}} \cdot f_0=(2^{\frac{n}{2}}-2^{-\frac{n}{2}}) \cdot f_0 \tag{3-77}$$

如图 3-15，f_1-f_2，f_2-f_3，f_3-f_4 为三个连续的 1/3 倍频带，即 $\frac{f_2}{f_1}=\frac{f_3}{f_2}=\frac{f_4}{f_3}=2^{\frac{1}{3}}$，则 $\frac{f_4}{f_1}=\frac{f_2}{f_1}\times\frac{f_3}{f_2}\times\frac{f_4}{f_3}=2^{\frac{1}{3}}\times 2^{\frac{1}{3}}\times 2^{\frac{1}{3}}=(2^{\frac{1}{3}})^3=2^1$，即 f_1-f_4 刚好为一个一倍频带。同理可证的 N 个连续的 $1/N$ 频带刚好合成一个倍频带。

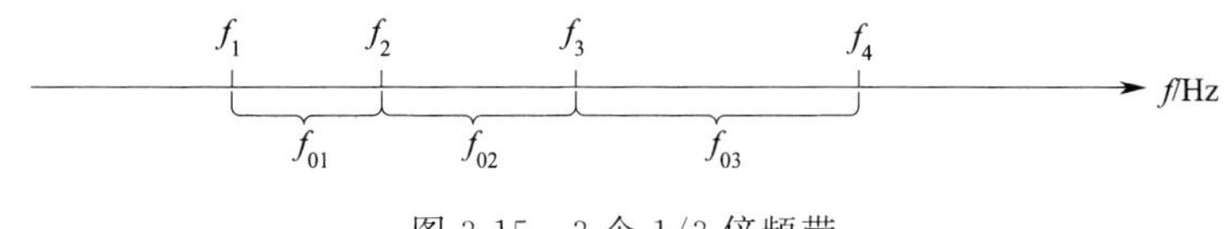

图 3-15　3 个 1/3 倍频带

按照上述方法可以将可听频率 20～20000Hz 划分为 10 个倍频带、20 个 1/2 倍频带和 30 个 1/3 倍频带。具体见表 3-5。

表 3-5　滤波器通带的准确频率

通带号数	中心频数	1/3 倍频程滤波器带宽/Hz	1/1 倍频程滤波器带宽/Hz
14	25	22.4～28.2	
15	31.5	28.2～35.5	22.4～44.7
16	40	35.5～44.7	
17	50	44.7～56.2	
18	63	56.2～70.8	44.7～89.1
19	80	70.8～89.1	
20	100	89.1～112	
21	125	112～141	89.1～178
22	160	141～178	
23	200	178～224	
24	250	224～282	178～355
25	315	282～355	
26	400	355～447	
27	500	447～562	355～708
28	630	562～708	
29	800	708～891	
30	1000	891～1120	708～1410
31	1250	1120～1410	
32	1600	1410～1780	
33	2000	1780～2240	1410～2820
34	2500	2240～2820	
35	3050	2820～3550	
36	4000	3550～4470	2820～5620
37	5000	4470～5620	
38	6300	5620～7080	
39	8000	7080～8910	5620～11200
40	10000	8910～11200	
41	12500	11200～14100	
42	16000	14100～17800	11200～22400
43	20000	17800～22400	

3.2.2　计权声级

对噪声的评价要结合人对噪声的主观反应，所以不能简单采用任务 3.1 得到的声压级或者声强级这些反应能量大小的客观物理量。计权声级则是重复考虑了人对不同频率响度的主观反应。

（1）响度、响度级

声音的强弱叫作响度。响度是感觉判断的声音强弱，即声音响亮的程度，符号为 N，单位为宋（sone），它是衡量声音强弱程度的一个最直观的量。根据响度可以把声音排成由轻到响的序列。响度的大小主要依赖于声强，也与声音的频率有关。声波所到达的空间某一点的声强，是指该点垂直于声波传播方向的单位面积上，在单位时间内通过的声能量。声强的单位是 W/m^2。对于 2000Hz 的声音，其声强为 $2\times10^{-12}W/m^2$ 时人就可以听到，但对于 50Hz 的声音，需 $5\times10^{-6}W/m^2$ 人才能听到，感觉这两个声音的响度相同，但它们的声强差 $2.5\times10^6W/m^2$ 倍。对于同一频率的声音，响度随声强的增加不呈线性关系，声强增大到 10 倍，响度才增大到 2 倍；声强增大到 100 倍，响度才增大到 3 倍。

以 1000Hz 的纯音作标准，使其和某个声音听起来一样响，那么，此 1000Hz 纯音的声压级就定义为该声音的响度级。响度级表示的是响度的相对量，即某响度与基准，响度比值的对数值，符号为 L_N，单位为方（phon）。当人耳感到某声音与 1000Hz 单一频率的纯音同样响时，该声音声压级的分贝数即为其响度级。所不同的是，响度级的方值与其分贝值的差异随频率而变化。响度级仍是一种对数标度单位，并不能线性地表明不同响度级之间主观感觉上的轻响程度。也就是说，声音的响度级为 80phon 并不意味着比 40phon 响 1 倍。响度定义为正常听者判断一个声音以响度级为 40phon 参考声强的倍数，规定响度级为 40phon 时响度为 1sone。2sone 的声音是 1sone 的 2 倍响。经实验得出，响度级每增加 10phon，响度增加 1 倍。例如，响度级为 50phon 的响度为 2sone，响度级为 60phon 的响度为 4sone。

响度和响度级的关系可表示为式(3-78)：

$$L_N=40+10\log_2 N \tag{3-78}$$

（2）等响曲线

等响曲线是响度水平相同、频率不同的纯音的声压级连成的曲线。在该曲线上，横坐标为各纯音的频率，纵坐标为达到各响度水平所需的声压级（dB），每一条曲线代表一个响度水平，如标有 40dB 的曲线上各点所代表的声音响度是相同的，它们的响度水平都是 40dB。等响曲线如图 3-16 所示。

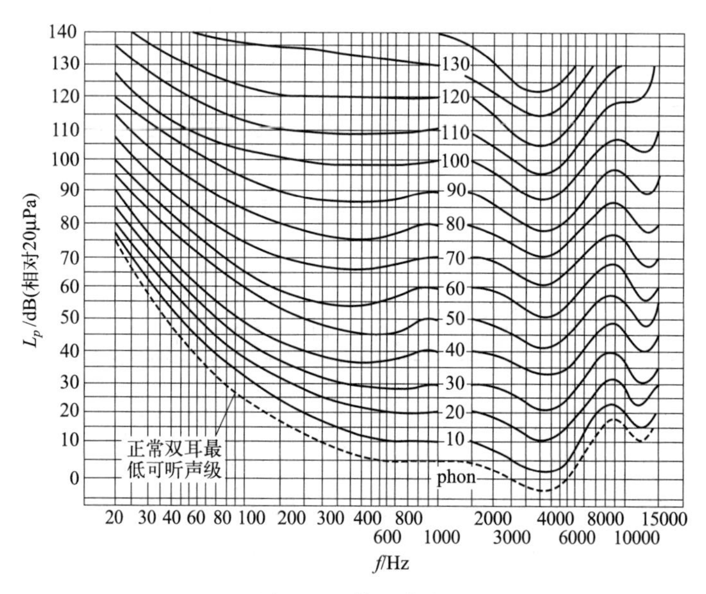

图 3-16　等响曲线

当外界声振动传入耳朵内时，人主观感觉上会形成听觉上声音强弱的概念。根据前面的介绍，人耳对声振动的响度感觉近似地与其强度的对数成正比。深入的研究表明，人耳对声音的感觉存在许多独特的性质，以至于即使到目前为止，还没有一个人工仪器能具备人耳的奇妙功能。

人耳能接受的声波频率范围为20～20000Hz，宽达10个倍频程。人耳具有灵敏度高和动态范围大的特点：一方面，可以听到小到近于分子大小的微弱振动；另一方面，又能正常听到强度比这大10^{12}倍的很强的声振动。与大脑相配合，人耳还能从其他噪声存在的环境中听出某些频率的声音，也就是人的听觉系统具有滤波的功能，这种现象通常称为“鸡尾酒会效应”。此外，人耳还能判别声音的音色、音调以及声源的方位等。

人对声音的感觉不仅与声振动本身的物理特性有关，而且包含了人耳结构、心理、生理等因素，涉及人的主观感觉。例如，同样一段音乐在期望聆听时会感觉到悦耳，而在不想听到时会感觉到烦躁；同样强度、不同特点的声音会给人以悠闲或危险等截然相反的主观感觉。

人们简单地用“响”与“不响”来描述声波的强度，但这一描述与声波的强度又不完全等同。人耳对声波响度的感觉还与声波的频率有关，相同声压级但频率不同的声音，人耳听起来会不一样响。例如，同样60dB的两种声音，若一个声音的频率为100Hz，而另一个声音为1000Hz，人耳听起来1000Hz的声音要比100Hz的声音响。要使频率为100Hz的声音听起来和频率1000Hz、声压级为60dB的声音同样响，则其声压级要达到67dB。

图3-16所示是正常听力对比测试所得出的一系列等响曲线，每条曲线上各个频率的纯音听起来都一样响，但其声压级差别很大。例如，图中70phon曲线表示，95dB的30Hz纯音、75dB的100Hz纯音以及61dB的4000Hz纯音听起来和70dB的1000Hz纯音一样响。

图3-16中最下面的虚线表示人耳刚能听到的声音。其响度级为零，零等响曲线称为听阈，一般低于此曲线的声音人耳无法听到。图3-16中最上面的等响度线是痛觉的界限，称为痛阈，超过此曲线的声音，人耳感觉到的是痛觉。在听阈和痛阈之间的声音是人耳的正常可听声范围。

(3) 斯蒂文斯响度

前面讲到的仅是简单的纯音响度、响度级与声压级的关系。然而，大多数实际声源产生的声波是宽频带噪声，并且不同频率的噪声之间还会产生掩蔽效应。斯蒂文斯（Stevens）和茨维克（Zwicker）研究了这种复合声响度的掩蔽效应，得出如图3-16所示的等响度指数曲线，对宽频带掩蔽效应考虑了计权因素，认为响度指数最大的频带贡献最大，而其他频带声音被掩蔽。它们对总响度的贡献应乘上一个小于1的修正因子，这个修正因子和频带宽度的关系见表3-6。

表3-6 不同频带的修正因子 F

频带宽度	倍频带	1/2倍频带	1/3倍频带
修正因子 F	0.30	0.20	0.15

对复合噪声，响度计算方法如下：

① 测出频带声压级（倍频带或1/3倍频带）；

② 从图3-17上查出各频带声压级对应的响度指数；

③ 找出响度指数中的最大值与S_m，将各频带响度指数总和中扣除最大值S_m，再乘以相应带宽修正因子F，最后与S_m相加即为复合噪声的响度S，用数学表达式可表示为式(3-79)。

$$S=S_m+F\left(\sum_{i=1}^{n}S_i-S_m\right) \tag{3-79}$$

求出总响度值后，就可以由图 3-17 右侧的列线图求出此复合噪声的响度级值，或可按式(3-80) 计算得出响度级 P。

$$P=40+10\log_2 S \tag{3-80}$$

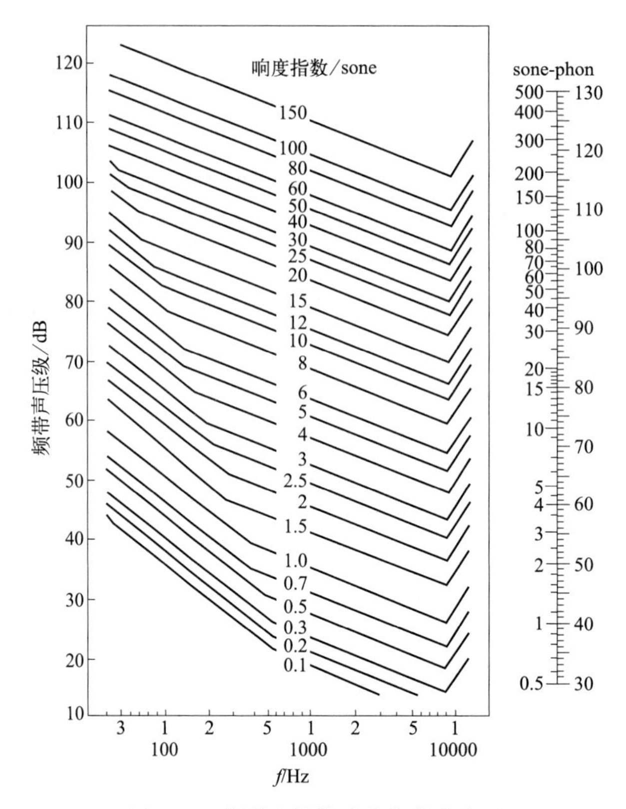

图 3-17　斯蒂文斯等响度指数曲线图

【例 3-2】 根据所测得的倍频带声压级求响度及响度级。

中心频率/Hz	63	125	250	500	1000	2000	4000	8000
声压级/dB	76	81	78	71	75	76	81	59
响度指数/sone	5	10	10	8	12	15	25	8

根据所给出的倍频带声压级，由图 3-17 中查出相应的响度指数如上表最后一行所示，其中最大值 $S_m=25$，对于频带宽度为倍频带的测量声级，修正因子 $F=0.3$，于是由式(3-79) 可求得总响度为

$$S=25+0.3\times(93-25)=45.4(\text{sone})$$

根据图 3-17 右侧的列线图式，可以得出响度为 45.4sone 的噪声对应的响度级为 95phon。

(4) 计权声级

由等响曲线可以看出，人耳对于不同频率的声波反应的敏感程度是不一样的。人耳对于高频声音，特别是频率在 1000～5000Hz 之间的声音比较敏感；而对于低频声音，特别是对 100Hz 以下的声音不敏感。即声压级相同的声音会因为频率的不同而产生不一样的主观感觉。为了使声音的客观量度和人耳的听觉主观感受近似取得一致，通常对不同频率声音的声压级经某一特定的加权修正后，再叠加计算可得到噪声总的声压级，此声压级称为计权声级。

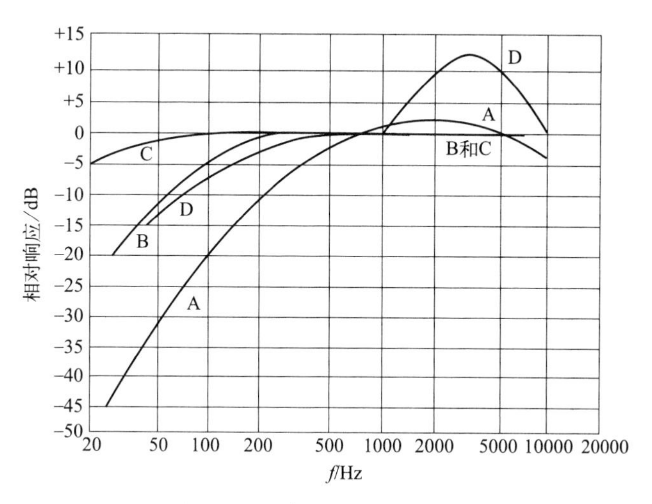

图 3-18　计权网络频率特性

计权网络是近似人耳对纯音的响度级频率特性而设计的，通常采用的有 A、B、C、D 四种计权网络。图 3-18 所示为国际电工委员会（IEC）规定的四种计权网络频率响应的相对声压级曲线。其中 A 计权网络相当于 40phon 等响曲线的倒置；B 计权网络相当于 70phon 等响曲线的倒置。B、C 计权较少被采用，D 计权网络常用于航空噪声的测量。A 计权的频率响应与人耳对宽频带的声音的灵敏度相当，目前 A 计权已被管理机构和工业部门的管理条例所普遍采用，成为最广泛应用的评价参量。表 3-7 列出了 A 计权响应与频率的关系。由噪声各频带的声压级和对应频带的 A 计权修正值就可计算出噪声的 A 计权声级。

表 3-7　A 计权响应与频率的关系（按 1/3 倍频程中心频率）

频率/Hz	A 计权修正/dB	频率/Hz	A 计权修正/dB
20	−50.5	630	−1.9
25	−44.7	800	−0.8
31.5	−39.4	1000	0
40	−34.6	1250	+0.6
50	−30.2	1600	+1.0
63	−26.2	2000	+1.2
80	−22.5	2500	+1.3
100	−19.1	3150	+1.2
125	−16.1	4000	+1.0
160	−13.4	5000	+0.5
200	−10.9	6300	−0.1
250	−8.6	8000	−1.1
315	−6.6	10000	−2.5
400	−4.8	12500	−4.3
500	−3.2	16000	−6.6

计权声级按照下列步骤计算：

① 测出倍频带或 1/3 倍频带的声压级；

② 找到对应中心频率的修正值；

③ 声压级加上对应中心频率的修正值，得到修正后的值；

④ 将修正后的值按级的叠加公式，即式(3-57)，算出计权声级。

【例 3-3】 从倍频带声压级计算 A 计权声级。

中心频率/Hz	频带声压级/dB	A计权修正值/dB	修正后频带声压级/dB	各声级叠加得到总的A计权声级/dB
31.5	60	−39.4	20.6	$L_{p_T}=10\lg(\sum_{i=1}^{n}10^{0.1L_{p_i}})$ =85.2dB
63	65	−26.2	38.8	
125	73	−16.1	56.9	
250	76	−8.6	67.4	
500	85	−3.2	81.8	
1000	80	0	80.0	
2000	78	+1.2	79.2	
4000	62	+1.0	63.0	
8000	60	−1.1	58.9	

3.2.3 等效连续A声级

前面讲到的A计权声级对于稳态的宽频带噪声是一种较好的评价方法，但对于一个声级起伏或不连续的噪声，A计权声级就很难确切地反映噪声的状况。例如，交通噪声的声级是随时间变化的，当有车辆通过时，噪声可能达到85～90dB，而当没有车辆通过时，噪声可能仅有55～60dB，并且噪声的声级还会随车流量、汽车类型等的变化而改变，这时就很难说交通噪声的A计权声级是多少分贝。又例如两台同样的机器，一台连续工作，而另一台间断性地工作，其工作时辐射的噪声级是相同，但两台机器噪声对人的总体影响是不一样的。对于这种声级起伏或不连续的噪声，采用噪声能量按时间平均的方法来评价噪声对人的影响更为确切，为此提出了等效连续A声级评价参量。等效连续A声级又称等能量A计权声级，等效于在相同的时间间隔T内与不稳定噪声能量相等的连续稳定噪声的A声级，其符号为L_{Aeq}或L_{eq}，数学表达式为式(3-81)或式(3-82)。

$$L_{eq}=10\lg\left[\frac{1}{t_2-t_1}\int_{t_1}^{t_2}\left(\frac{p_A^2(t)}{p_0^2}\right)dt\right] \tag{3-81}$$

$$L_{eq}=10\lg\left[\frac{1}{t_2-t_1}\int_{t_1}^{t_2}10^{0.1L_{p_A}(t)}dt\right] \tag{3-82}$$

式中，$p_A(t)$为噪声信号瞬时A计权声压，Pa；p_0为基准声压，Pa；t_2-t_1为测量时段T的间隔，s；$L_{p_A}(t)$为噪声信号瞬时A计权声压级，dB。

如果在同样的采样时间间隔下，测试得到一系列A声级数据的序列，则测量时段内的等效连续A声级也可通过式(3-83)和式(3-84)计算：

$$L_{eq}=10\lg\left(\frac{1}{T}\sum_{i=1}^{n}10^{0.1L_{Ai}}\cdot\tau_i\right) \tag{3-83}$$

$$L_{eq}=10\lg\left(\frac{1}{N}\sum_{i=1}^{N}10^{0.1L_{Ai}}\right) \tag{3-84}$$

式中，T为总的测量时段，s；L_{Ai}为第i个A计权声级，dB；τ_i为采样时间间隔，s；N为测试数据个数。

将式(3-84)进行变形可得到式(3-85)：

$$L_{eq}=10\lg\left[\frac{1}{N}\sum_{i=1}^{N}10^{0.1L_{Ai}}\right]=10\lg\left(\sum_{i=1}^{N}10^{0.1L_{Ai}}\right)-10\lg N$$
$$\Rightarrow 10\lg\left(\sum_{i=1}^{N}10^{0.1L_{Ai}}\right)=L_{eq}+10\lg N \tag{3-85}$$

将式(3-85)与式(3-59)对比不难看出，其实 L_{eq} 相当于求平均值，这样呼应了等效连续声级的定义，同时可以得到声级的均值算法与 L_{eq} 完全一致。

从等效连续 A 声级的定义中不难看出，对于连续的稳态噪声，等效连续 A 声级即等于所测得的 A 计权声级。等效连续 A 声级由于较为简单，易于理解，而且又与人的主观反应有较好的相关性，因而已成为许多国际或国内标准所采用的评价量。

（1）昼夜等效声级

由于同样的噪声在白天和夜间对人的影响是不一样的，而等效连续 A 声级评价量并不能反映人对噪声主观反应的这一特点。为了考虑噪声在夜间对人们烦恼的增加，规定在夜间测得的所有声级均加上 10dB（A 计权）作为修正值，再计算昼夜噪声能量的加权平均，由此构成昼夜等效声级这一评价参量，用符号 L_{dn} 表示。昼夜等效声级主要表示人们昼夜长期暴露在噪声环境中所受的影响。由上述规定，昼夜等效声级 L_{dn} 可表示为式(3-86)。

$$L_{dn}=10\lg\left[\frac{2}{3}\times 10^{0.1L_d}+\frac{1}{3}\times 10^{0.1(L_n+10)}\right](\text{dB}) \tag{3-86}$$

式中，L_d 为昼间（06：00～22：00）测得的噪声能量平均 A 声级，dB；L_n 为夜间（22：00～次日 06：00）测得的噪声能量平均 A 声级，dB。

根据《中华人民共和国噪声污染防治法》，6：00～22：00 为昼间，22：00～次日 6：00 为夜间，但由于我国幅员辽阔，各地习惯有较大差异，因此规定昼间和夜间的时间由当地县级以上人民政府按当地习惯和季节变化划定。

正因为这种昼、夜时间的规定不同，式(3-86)会略有不同，如最初提出时其公式为：

$$L_{dn}=10\lg\left[\frac{5}{8}\times 10^{0.1L_d}+\frac{3}{8}\times 10^{0.1(L_n+10)}\right](\text{dB})$$

该公式对应的昼夜时间划分为：昼间 07：00～22：00，夜间 22：00～次日 07：00。

昼夜等效声级可用来作为几乎包含各种噪声的城市噪声全天候的单值评价量。自美国环境保护局 1974 年 6 月发布以来，等效连续 A 声级 L_{eq} 和昼夜等效声级 L_{dn} 逐步代替了以前一些其他评价参量，成为各国普遍采用的环境噪声评价量。

（2）长度计权等效声级

前面讨论的 L_{eq} 和 L_{dn}，均是在时间上去求得一个等效声级，在交通噪声的测量和评价中往往要考虑交通干线测量路段的长度，最后的评价量要考虑不同测量值对应的长度所得到一个等效声级，如式(3-87)所示。

$$L=10\lg\left[\frac{1}{\sum_{i=1}^{n}x_i}\cdot\left(\sum_{i=1}^{n}10^{0.1L_{A_i}}\cdot x_i\right)\right] \tag{3-87}$$

式中，L 为评价量，dB；L_{A_i} 表示第 i 个测点测到的等效连续 A 声级，dB；x_i 为第 i 个测量数据对应测点路段的长度，m；n 为测量点位数。此方法还可拓展到其他计权等效，如普查法的不同面积测量值的等效声级。

3.2.4 累积百分数声级

在现实生活中经常碰到的是非稳态噪声，上面介绍了可以采用等效连续 A 声级 L_{Aeq} 来反映对人影响的大小，但噪声的随机起伏程度却没有表达出来。这种起伏可以用噪声出现的时间概率或累积概率来表示，目前采用的评价量为累积百分数声级 L_n。它表示在测量时间

内高于 L_n 声级所占的时间为 $n\%$。例如，$L_{10}=70\text{dB}$（A 计权，以下所讲 dB 皆为 A 计权），表示在整个测量时间内，噪声高于 70dB 的时间占 10%，其余 90%的时间内噪声级均低于 70dB，同样，$L_{90}=50\text{dB}$ 表示在整个测量时间内，噪声级高于 50dB 的时间占 90%。对于同一测量时间段内的噪声级，按从大到小的顺序进行排列，就可以清楚地看出噪声涨落的变化程度。

通常认为，L_{90} 相当于本底噪声，L_{50} 相当于中值噪声级，L_{10} 相当于峰值噪声级。在累积百分数声级和人的主观反映所作的相关性调查中，发现 L_{10} 用于评价涨落较大的噪声时相关性较好。因此，L_{10} 已被美国联邦公路局作为公路设计噪声限值的评价量。总的来讲，累积百分数声级一般只用于有较好正态分布的噪声评价。对于统计特性符合正态分布的噪声，其累积百分数声级与等效连续 A 声级之间有近似关系可表达为式(3-88)。

$$L_{eq}\approx L_{50}+\frac{(L_{10}-L_{90})^2}{60}(\text{dB}) \tag{3-88}$$

3.2.5 其他评价量*

（1）更佳噪声标准（PNC）曲线和噪声评价数（NR）曲线

在评价噪声对室内语言及舒适度的影响时，以语言干扰级和响度级为基础，美国声学专家 Beranek 提出了噪声标准曲线，即 NC 曲线。经实践使用发现 NC 曲线有些频率与实际情况有差异，经过修正，提出了更佳噪声标准曲线，即 PNC 曲线（图 3-19）。将所测噪声各倍频带声压级与图中声压级比较，得出各倍频带声压级对应的 PNC 曲线号数，其中最大号数即为所测环境的噪声评价值。如果某环境的噪声达到 PNC-35，则表明此环境中各个倍频带声压级均不超过 PNC-35 曲线上所对应的声压级。

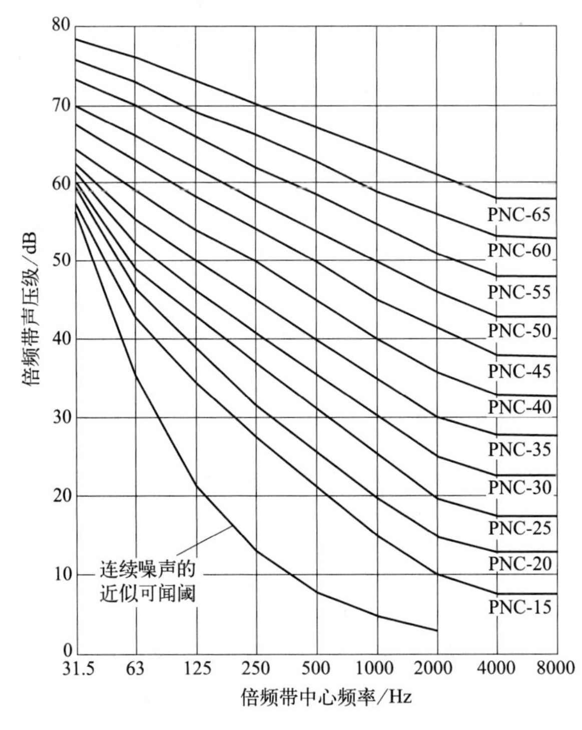

图 3-19　更佳噪声标准（PNC）曲线

【例 3-4】 根据倍频带声压级得出噪声评价 PNC 曲线号数：

中心频率/Hz	倍频带声压级/dB	对应 PNC 号
31.5	55	15
63	46	20
125	43	25
250	37	25
500	40	35
1000	35	35
2000	30	35
4000	28	35
8000	24	30

本例中，各倍频带对应 PNC 号的最大值为 35，因此可确定此环境中的噪声可达到 PNC-35 的要求。

PNC 曲线适用于室内活动场所稳态噪声的评价，以及有特别噪声环境要求的场所设计。对不同使用功能的场所，所要求的噪声环境也不一样，表 3-8 中给出了各类环境的 PNC 曲线推荐值。

表 3-8　各类环境的 PNC 曲线推荐值

空间类型(声学上的要求)	PNC 曲线
音乐厅、歌剧院(能听到微弱的音乐声)	10～20
录音、播音室(使用时远离传声器)	10～20
大型观众厅、大剧院(优良的听闻条件)	≤20
广播、电视和录音室(使用时靠近传声器)	≤25
小型音乐厅、剧院、音乐排练厅、大会堂和会议室(具有良好的听闻条件),或行政办公室和50 人的会议室(不用扩声设备)	≤35
卧室、宿舍、医院、住宅、公寓、旅馆、公路旅馆等(适宜睡眠、休息、休养)	25～40
单人办公室、小会议室、教室、图书馆等(具有良好的听闻条件)	30～40
起居室和住宅中的类似的房间(作为交谈或听收音机和电视)	30～40
大的办公室、接待区域、商店、食堂、饭店等(要求比较好的听闻条件)	35～45
休息(接待)室、实验室、制图室、普通秘书室(有清晰的听闻条件)	40～50
维修车间、办公室和计算机设备室、厨房和洗衣店(中等清晰的听闻条件)、车间、汽车库、发电厂控制室等(能比较满意地听语言和电话通信)	50～60

对于室内噪声的评价，除了可以用 PNC 曲线来评价外，也可以采用噪声评价数曲线，即 NR 评价曲线（如图 3-20）。NR 评价曲线也可用于对外界噪声的评价。NR 评价曲线以 1kHz 倍频带声压级值作为噪声评价数 NR，其他 63Hz～8kHz 倍频带的声压级和 NR 的关系也可由式(3-89) 计算：

$$L_{pi}=a+b\mathrm{NR}_i \tag{3-89}$$

式中，L_{pi} 为第 i 个频带声压级，dB；a、b 为不同倍频带中心频率的系数，见表 3-9。

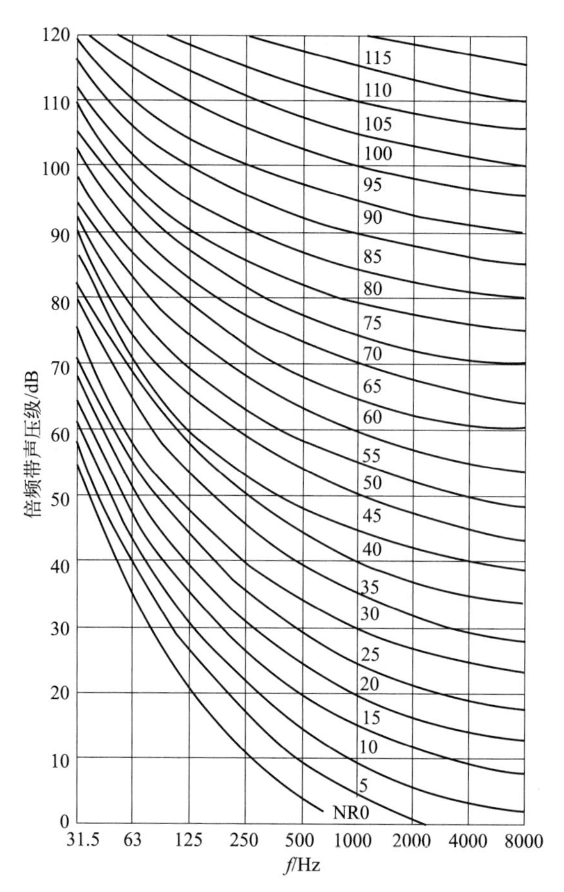

图 3-20　噪声评价数（NR）曲线

表 3-9　不同中心频率的系数 *a* 和 *b*

倍频带中心频率/Hz	*a*	*b*
63	35.5	0.790
125	22.0	0.870
250	12.0	0.930
500	4.8	0.974
1000	0	1.000
2000	−3.5	1.015
4000	−6.1	1.025
8000	−8.0	1.030

求 NR 值的方法为：

① 将测得噪声的各倍频带声压级与图 3-20 上的曲线进行比较，得出各倍频带的 NR_i 值；

② 取其中的最大值 NR_m（取整数）；

③ 将最大值 NR_m 加 1 即得所求环境的 NR 值。

（2）噪度和感觉噪声级

评价噪声对人的干扰程度涉及心理因素。一般认为，高频噪声比同样响的低频噪声更“吵闹”；噪声涨落程度大的噪声比涨落小的更“吵闹”；声源位置观察不到的声音比位置确定的噪声更“吵闹”。与人们主观判断噪声的“吵闹”程度成比例的数值称为噪度，用 N_a 表示，单位为呐（noy）。定义在中心频率为 1kHz 的倍频带上，声压级为 40dB 的噪声的噪度为 1noy。噪度为 3noy 的噪声听起来是噪度为 1noy 的噪声的 3 倍“吵闹”。

克雷特（Kryter）根据反复的主观调查得出了类似于等响曲线的等感觉噪度曲线（图 3-21）。

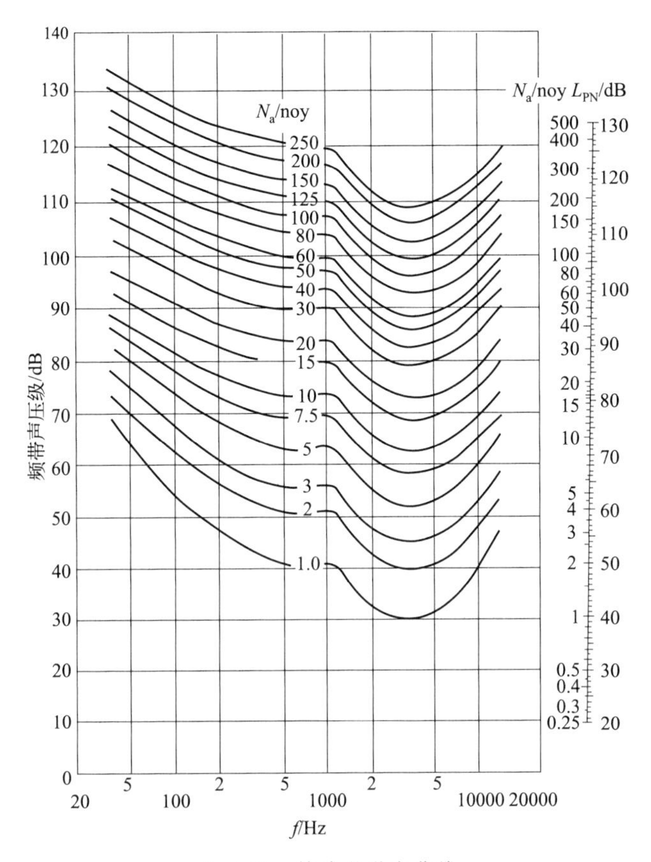

图 3-21 等感觉噪度曲线

图中同一呐值曲线的感觉噪度相同。复合噪声总的感觉噪度计算方法为：

① 根据各频带声压级（倍频带或 1/3 倍频带），从图 3-21 中查出各频带对应的感觉噪度值；

② 找出感觉噪度值中的最大值 N_m，将各频带噪度总和中扣除最大值 N_m，再乘以相应频带计权因子 F，最后与 N_m 相加即为复合噪声的噪度 N_a，用数学表达式可表示为式(3-90)。

$$N = N_m + F \cdot \left(\sum_{i=1}^{n} N_i - N_m\right) \tag{3-90}$$

式中，N_m 为最大感觉噪度，noy；F 为频带计权因子，倍频程时为 1，1/3 倍频程时为 1/2；N_i 为第 i 个倍频带的噪度，noy。

将噪度转换成分贝指标，称为感觉噪声级，用 L_{PN} 表示，单位为 dB。它们之间可由图 3-21 右侧的列线图转换。当感觉噪度呐值每增加一倍，感觉噪声级增加 10dB，它们之间也可通过式(3-91) 换算：

$$L_{PN} = 40 + 10\log_2 N_a \tag{3-91}$$

感觉噪声级的应用比较普遍，但通过感觉噪度来计算感觉噪声级比较复杂，实际测量中近似地由 A 计权声级加 13dB 求得，用式(3-92) 表示。

$$L_{PN}=L_A+13 \tag{3-92}$$

(3) 计权等效连续感觉噪声级

在航空噪声评价中，对在一段监测时间内飞行事件噪声的评价采用计权等效连续感觉噪声级 L_{WECPN}。它考虑了一段监测时间内通过一固定点的飞行引起的总噪声级，同时也考虑了不同时间内飞行所造成的不同社会影响。

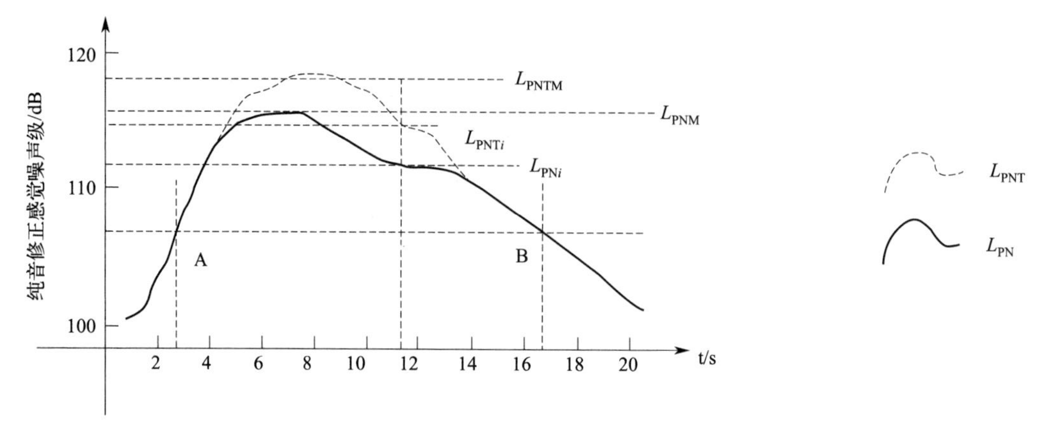

图 3-22 将纯音加在感觉噪声级相应分量上所得的纯音修正感觉噪声级随时间变化的曲线

计权等效连续感觉噪声级 L_{WECPN} 是通过有效感觉噪声级计算得到。有效感觉噪声级是在感觉噪声级 L_{PN} 的基础上，加上对持续时间和噪声中存在的可闻纯音或离散频率修正后的声级，用 L_{EPN} 表示。感觉噪声级 L_{PN} 经纯音修正后的声级表示为 L_{TPN}，持续时间修正为飞机飞越上空，其声级从未达到最高峰值前 10dB 开始到从峰值下降 10dB 为止的时间内，每隔 0.5s 间隔的所有 L_{TPN} 的能量相加，并加以时间归一化（20s）。修正过程可以用图 3-22 直观地表示。经修正后得到的有效感觉噪声级可表示为式(3-93)。

$$L_{EPN}=10\lg\left(\sum_{i=0}^{N}10^{0.1L_{TPNi}}\right)-13 \tag{3-93}$$

式中，L_{TPNi} 为第 i 个时间间隔的感觉噪声级；N 为 0.5s 间隔的测量个数，$N=t/0.5$；t 为图 3-22 中 A 至 B 的飞行时间。由此，可以得到计权等效连续感觉噪声级 L_{WECPN} 的计算表达式，即式(3-94)：

$$L_{WECPN}=\overline{L}_{EPN}+10\lg(N_1+3N_2+10N_3)-39.4 \tag{3-94}$$

式中，$\overline{L}_{EPN}$ 为 N 次飞行的有效感觉噪声级的能量平均值，dB；N_1 为白天的飞行次数；N_2 为傍晚的飞行次数；N_3 为夜间的飞行次数。三段时间的具体划分由当地人民政府决定。

(4) 交通噪声指数

交通噪声指数 TNI 是指城市道路交通评价的一个重要参量，其定义为式(3-95)：

$$\text{TNI}=4(L_{10}-L_{90})+L_{90}-30 \tag{3-95}$$

式中第一项表示“噪声气候”的范围，说明噪声的起伏变化程度；第二项表示本底噪声状况；第三项是为了获得比较习惯的数值而引入的调节量。可见，TNI 与噪声的起伏变化有很大的关系，噪声的涨落对人影响的加权数为 4，这在主观反应相关性测试中获得较好的相关系数。

TNI 评价量只适用于机动车辆噪声对周围环境干扰的评价，而且限于车流量较多及附近无固定声源的环境。对于车流量较少的环境，L_{10} 和 L_{90} 的差值较大，得到的 TNI 值也很大，使计算数值明显地夸大了噪声的干扰程度。例如，在繁忙的交通干线处，$L_{90}=70\text{dB}$，$L_{10}=84\text{dB}$，TNI=96dB，在车流量较少的街道，L_{10} 可能仍为 84dB，但 L_{90} 却会降低到如 55dB 的水平，TNI=141dB。显然，后者因噪声涨落大，引起烦恼比前者大，但两者的差别不会如此之大。

（5）噪声污染级

噪声污染级也是用于评价噪声对人的烦恼程度的一种评价量，它既包含了对噪声能量的评价，同时也包含了噪声涨落的影响。噪声污染级用标准偏差来反映噪声的涨落，标准偏差越大，表示噪声的离散程度越大，即噪声的起伏越大。噪声污染级用符号 L_{NP} 表示，其表达式为式(3-96)。

$$L_{NP}=L_{eq}+K\sigma \tag{3-96}$$

$$\sigma=\sqrt{\frac{1}{n-1}\cdot\sum_{i=1}^{n}(L_i-\overline{L})^2} \tag{3-97}$$

式中，σ 为定时间内噪声瞬时声压级的标准偏差，dB；$\overline{L}$ 为算术平均值，dB；L_i 为第 i 次声级，dB；n 为取样总数；K 为常量，一般取 2.56。

从噪声污染级 L_{NP} 的表达式中可以看出，式中第一项取决于干扰噪声能量，累积了各个噪声在总的噪声暴露中所占的分量；第二项取决于噪声事件的持续时间，平均能量中难以反映噪声起伏，起伏大的噪声 $K\sigma$ 项越大，对噪声污染级的影响也越大，也更能引起人的烦恼。

对于随机分布的噪声，噪声污染级和等效连续声级或累积百分数声级之间的关系如式(3-98) 或式(3-99)：

$$L_{NP}=L_{eq}+(L_{10}-L_{90}) \tag{3-98}$$

或

$$L_{NP}=L_{50}+(L_{10}-L_{90})+\frac{1}{60}(L_{10}-L_{90})^2\ (\text{dB}) \tag{3-99}$$

从以上关系中可以看出，L_{NP} 不但和 L_{eq} 有关，而且和噪声的起伏值 $L_{10}-L_{90}$ 有关，当 $L_{10}-L_{90}$ 增大时，L_{NP} 明显增加，说明了 L_{NP} 比 L_{eq} 能更显著地反映出噪声的起伏作用。

噪声污染级的提出，最初是试图对各种变化的噪声作出一个统一的评价量，但到目前为止的主观调查结果中并未显示出它与主观反映的良好相关性。事实上，噪声污染级并不能说明噪声环境中许多较小的起伏和一个大的起伏（如短促的声音）对人影响的区别。但它非常适合对许多公共噪声进行评价，如道路交通噪声、航空噪声以及公共场所的噪声等，它与噪声暴露的物理测量具有很好的一致性。

（6）噪声冲击指数

评价噪声对环境的影响，除要考虑声级的分布外，还应考虑受噪声影响的人口。人口密度较低情况下的高声级与人口密度较高条件下的低声级，对人群造成的总体干扰相仿。为此，提出噪声对人群影响的噪声冲击总计权人口（TWP）来评价，如式(3-100)：

$$TWP=\sum W_i(L_{dn}) \cdot P_i(L_{dn}) \tag{3-100}$$

式中，$P_i(L_{dn})$ 为全年或某段时间内受第 i 等级昼夜等效声级范围内（如 60～65dB）影响的人口数；$W_i(L_{dn})$ 为第 i 等级的计权因子，见表 3-10。

表 3-10　不同 L_{dn} 值的计权系数 W_i

L_{dn}/dB	$W_i(L_{dn})$	L_{dn}/dB	$W_i(L_{dn})$	L_{dn}/dB	$W_i(L_{dn})$
35	0.002	52	0.030	69	0.224
36	0.003	53	0.035	70	0.245
37	0.003	54	0.040	71	0.267
38	0.003	55	0.046	72	0.291
39	0.004	56	0.052	73	0.315
40	0.005	57	0.060	74	0.341
41	0.006	58	0.068	75	0.369
42	0.007	59	0.077	76	0.397
43	0.008	60	0.087	77	0.427
44	0.009	61	0.098	78	0.459
45	0.011	62	0.110	79	0.492
46	0.012	63	0.123	80	0.526
47	0.014	64	0.137	81	0.562
48	0.017	65	0.152	82	0.600
49	0.020	66	0.168	83	0.640
50	0.023	67	0.185	84	0.681
51	0.026	68	0.204	85	0.725

根据上式可以计算出每个人受到的冲击强度，称为噪声冲击指数，用符号 NNI 表示，其计算式为式(3-101)。

$$NNI=\frac{TWP}{\sum P_i(L_{dn})} \tag{3-101}$$

NNI 可用作对声环境质量的评价及不同环境的相互比较，以及供城市布局中考虑噪声对环境的影响，并由此作出选择。

（7）噪声掩蔽

噪声的一个重要特征是它对另一声音听闻的干扰，当某种噪声很影响人们听清楚其他声音时，就说后者被噪声掩蔽了。由于噪声的存在，降低了人耳对另一种声音听觉的灵敏度，使听域发生迁移，这种现象叫作噪声掩蔽。听域提高的分贝数称为掩蔽值。例如频率为 1000Hz 的纯音，当声压级为 3dB 时，正常人耳就可以听到（再降低人耳就听不见了），即 1000Hz 纯音的听域为 3dB。然而，当在一个有 70dB 噪声存在的环境中，1000Hz 纯音的声压级必须要提高到 84dB 才能被听到，听域提高的分贝数为 81dB（即 84dB－3dB）。由此就认为此噪声对 1000Hz 纯音的掩蔽值为 81dB。

在噪声掩蔽中，通常，被掩蔽纯音的频率接近掩蔽音时，掩蔽值就大，即频率相近的纯音掩蔽效果显著；掩蔽音的声压级越高，掩蔽量越大，掩蔽的频率范围越宽。掩蔽音对比其频率低的纯音掩蔽作用小，而对比其频率高的纯音掩蔽作用强。

由于噪声掩蔽效应，在噪声较高的环境中交谈时通常会感到吃力，这时人们会下意识地提高讲话声级，以克服噪声的掩蔽作用。由于语言交谈的频率范围主要集中在 500Hz、

1000Hz、2000Hz 为中心频率的三个倍频程中，因此，频率在 200Hz 以下、7000Hz 以上的噪声对语言交谈不会引起很大的干扰。

（8）语言清晰度指数和语言干扰级

语言清晰度指数是一个正常的语言信号能为听者听懂的百分数。语言清晰度评价常常采用特定的实验来进行：选择具有正常听力的男性和女性组成特定的试听队，对经过仔细选择的包括意义不连贯的音节（汉字）和单句组成的试听材料进行测试。实验测得听者对音节所作出的正确响应与发送的音节总数之比称为音节清晰度 S，若为有意义的语言单位，则称为语言可懂度，即语言清晰度指数（AI）。

语言清晰度指数与声音的频率 f 有关，高频声比低频声的语言清晰度指数要高。其次，语言清晰度指数与背景噪声以及对话者之间的距离有关（图 3-23）。一般 95%的清晰度对语言通话是允许的，这是因为有些听不懂的单字或音节可以从句子中推测出。在一对一的交谈中，距离通常为 1.5m，背景噪声的 A 计权声级在 60dB 以下即可保证正常的语言对话；若是在公共会议室或室外庭院环境中，交谈者之间的距离一般是 3.8～9m，背景噪声的 A 计权声级必须保持在 45～55dB 以下方可保证正常的语言对话。

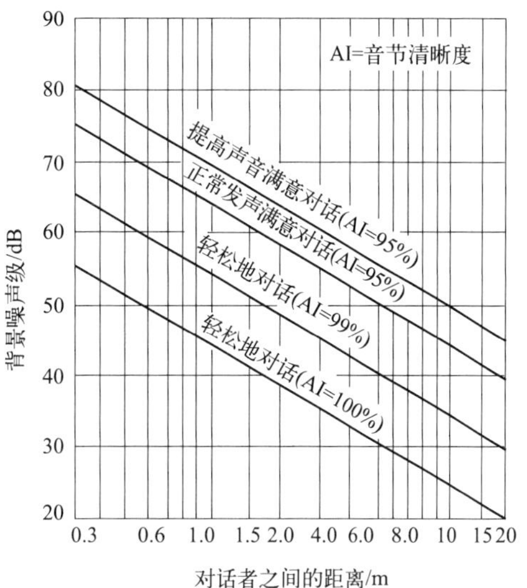

图 3-23　清晰度受干扰程度

Beranek 提出语言干扰级（SIL）作为 AI 的简化代用量，SIL 是中心频率为 600～4800Hz 的 6 个倍频带声压级的算术平均值。后来的研究发现低于 600Hz 的低频噪声的影响不能忽略，于是对原有的 SIL 作了修改，提出以 500Hz、1000Hz、2000Hz 为中心频率的三个倍频带的平均声压级来表示，称为更佳语言干扰级（PSIL）。PSIL 与 SIL 之间的关系为式(3-102)。

$$\mathrm{PSIL}=\mathrm{SIL}+3(\mathrm{dB}) \tag{3-102}$$

更佳语言干扰级 PSIL 与讲话声音的大小、背景噪声级之间的关系如表 3-11 所示。表中分贝值表示以稳态连续噪声作为背景噪声的 PSIL 值，列出的数据只是勉强保持有效的语言通信，干扰级是男性声音的平均值，女性减 5dB。测试条件是讲话者与听者面对面，用意想不到的字，并假定附近没有反射面加强语言声级。从表 3-11 中可以看出，两人相距 0.15m 以正常声音对话，能保证听懂话的干扰级只允许 74dB，如果背景噪声再提高，例如干扰级达到 80dB，就必须提高讲话的声音才能听懂讲话。

表 3-11　更佳语言干扰级

讲话者与听闻者的距离/m	PSIL/dB			
	声音正常	声音提高	声音很响	非常响
0.15	74	80	86	92
0.30	68	74	80	86
0.60	62	68	74	80
1.20	56	62	68	74
1.80	52	58	64	70
3.70	46	52	58	64

随堂感悟（思政元素）

噪声的评价量是基于统计意义上的主观评价量，“照顾”的是绝大多数人对该声波的主观反应，所以做任何大事情都要围绕这种以绝大多数人的利益为基础的原则展开，体现“以人为本”。

自学评测/课后实训

1. 对于一般的环境噪声监测评价，如果其声源随时间特性起伏变化比较频繁，则（　　）评价值作为评价量最佳。

A. L_A　　B. L_p　　C. L_{eq}　　D. L_{WECPN}

2. 在铁路旁某处测得：当货车经过时，在2.5min内的平均声压级为72dB；客车通过时在1.5min内的平均声压级为68dB；无车通过时环境噪声约为60dB；该处白天12h内共有65列火车通过，其中货车45列，客车20列，计算该地点白天的等效连续声级。

3. 某处测得环境背景噪声的1/3倍频程声压级如下，求其A计权声压级。

f_0/Hz	400	500	630	800	1000	1250	1600
L_p/dB	79.8	78.2	79.9	81.8	84	86.4	89
A计权修正/dB	−4.8	−3.2	−1.9	−0.8	0	0.6	1

4. 某噪声源其A声级的时间特性为白天$L_{dA}(t)=90$dB，晚上$L_{nA}=50$dB，求其昼夜等效连续A声级L_{dn}？

5. 理论上以1000Hz为中心频率的倍频带所包含的频率范围是__________到1414Hz。

6. 等效于在相同的时间间隔T内与不稳定噪声能量相等的连续稳定噪声的A声级称为__________，符号为L_{eq}。

（7～12题为判断题，正确的在题后括号内画“√”，错误的画“×”。）

7. 通常认为，L_{90}相当于本底噪声级，L_{50}相当于中值噪声级，L_{10}相当于峰值噪声级。（　　）

8. 1000Hz纯音的响度级等于它的声压级。（　　）

9. 等响曲线上的各点声压级相同。（　　）

10. 测量飞机噪声用C计权声级。（　　）

11. 累积百分数声级的关系有$L_{10}>L_{50}>L_{90}$。（　　）

12. 计权网络是近似以人耳对纯音的响度级频率特性而设计的，通常采用的有A，B，C，D四种计权网络。（　　）

任务3.3　掌握噪声环境标准

任务引入

环境噪声标准是为保护人群健康和生存环境，对噪声容许范围所作的规定。不同区域规定的噪声标准是不一样的，在高级宾馆、高级别墅区等区域，白天制造的声音超过50dB就属于噪声，晚上的声音超过40dB属于噪声，在居民住宅区，晚上的声音超过45dB的属于噪声，白天的声音超过55dB的属于噪声。你知道我国噪声标准最新规定是怎样的吗？你所处的环境白天和夜间噪声是多少分贝？是否超过了相应标准限值？

知识目标	能力目标	素质目标
1. 熟悉噪声环境标准，包括噪声环境质量标准、噪声排放标准。 2. 掌握噪声敏感建筑物的概念。 3. 掌握《声环境质量标准》及声环境功能区类别划分方法。 4. 掌握典型场所噪声排放标准及其限值。	1. 能正确辨别不同声环境功能区类别。 2. 能正确运用声环境质量标准限值进行声环境质量评价。 3. 能正确运用噪声排放限值进行声环境评价。	1. 对接国家和行业的现行有效标准，了解新技术。 2. 具有社会主义核心价值观；形成实事求是的科学态度、严谨的工作作风，领会工匠精神。

3.3.1 环境质量标准

（1）《声环境质量标准》（GB 3096—2008）

① 标准修订情况 《声环境质量标准》（GB 3096—2008）是对《城市区域环境噪声标准》（GB 3096—93）和《城市区域环境噪声测量方法》（GB/T 14623—93）的修订，修订后的标准扩大了适用区域，将乡村地区纳入标准适用范围；将环境质量标准与测量方法标准合并为一项标准；提出了声环境功能区监测和噪声敏感建筑物监测的要求；明确了交通干线的定义，对交通干线两侧4类区环境噪声限值作了调整。

标准规定了五类声环境功能区的环境噪声限值及测量方法；适用于声环境质量评价与管理；机场周围区域受飞机通过（起飞、降落、低空飞越）噪声的影响，不适用于该标准。

② 声环境功能区分类 按区域使用功能特点和环境质量要求，声环境功能区分为以下五种类型：

0类声环境功能区：指康复疗养区等特别需要安静的区域。

1类声环境功能区：指以居民住宅、医疗卫生、文化教育、科研设计、行政办公为主要功能，需要保持安静的区域。

2类声环境功能区：指以商业金融、集市贸易为主要功能，或者居住、商业、工业混杂，需要维护住宅安静的区域。

3类声环境功能区：指以工业生产、仓储物流为主要功能，需要防止工业噪声对周围环境产生严重影响的区域。

4类声环境功能区：指交通干线两侧一定距离之内，需要防止交通噪声对周围环境产生严重影响的区域，包括4a类和4b类两种类型。4a类为高速公路、一级公路、二级公路、城市快速路、城市主干路、城市次干路、城市轨道交通（地面段）、内河航道两侧区域；4b类为铁路干线两侧区域。

③ 环境噪声限值 各类声环境功能区适用表3-12规定的环境噪声等效声级限值。

表3-12中4b类声环境功能区环境噪声限值，适用于2011年1月1日起环境影响评价文件通过审批的新建铁路（含新开廊道的增建铁路）干线建设项目两侧区域。

在下列情况下，铁路干线两侧区域不通过列车时的环境背景噪声限值，按昼间70dB(A)、夜间55dB(A)执行：

a. 穿越城区的既有铁路干线；

b. 对穿越城区的既有铁路干线进行改建、扩建的铁路建设项目。

既有铁路是指 2010 年 12 月 31 日前已建成运营的铁路或环境影响评价文件已通过审批的铁路建设项目。

各类声环境功能区夜间突发噪声，其最大声级超过环境噪声限值的幅度不得高于 15dB(A)。

表 3-12　环境噪声限值　　单位：dB(A)

声环境功能区类别		昼间	夜间
0 类		50	40
1 类		55	45
2 类		60	50
3 类		65	55
4 类	4a 类	70	55
	4b 类	70	60

（2）工业企业噪声控制设计规范

《工业企业噪声控制设计规范》（GB/T 50087—2013）中提出了工业企业厂区内各类地点噪声 A 声级的噪声限值（表 3-13）。生产车间噪声限值为每周工作 5d，每天工作 8h 等效声级；对于每周工作 5d，每天工作时间不是 8h，需计算 8h 等效声级；对于每周工作日不是 5d，需计算 40h 等效声级。其中室内背景噪声级指室外传入室内的噪声级。

表 3-13　工业企业厂区内各类地点噪声标准（A 计权声级）

序号	地点类别	噪声限值/dB
1	生产车间	85
2	车间内值班室、观察室、休息室、办公室、实验室、设计室室内背景噪声级	70
3	正常工作状态下精密装配线、精密加工车间、计算机房	70
4	主控室、集中控制室、通信室、电话总机室、消防值班室，一般办公室、会议室、设计室、实验室室内背景噪声级	60
5	医务室、教室、值班宿舍室内背景噪声级	55

等效连续 A 声级的计算是将一个工作日（8h）内所测得的各 A 声级从大到小分成 8 段排列，每段相差 5dB，以其算术平均值的中心声级表示，如 80dB 表示 78～82dB 的声级范围，85dB 表示 83～87dB 的声级范围，以此类推。低于 78dB 的声级可以不予考虑，则一个工作日的等效连续 A 声级可通过下式计算：

$$L_{eq}=80+10\lg \frac{\sum_{n} 10^{\frac{(n-1)}{2}} \cdot T_n}{480} \tag{3-103}$$

式中　n——中心声级段数号，$n=1\sim8$，如表 3-14 所示；

T_n——第 n 段中心声级在一个工作日内所累积的暴露时间，min；

480——8h 的分钟数。

表 3-14　各段中心声级和暴露时间

n(段数号)	1	2	3	4	5	6	7	8
中心声级 L_i/dB	80	85	90	95	100	105	110	115
暴露时间	T_1	T_2	T_3	T_4	T_5	T_6	T_7	T_8

【例 3-5】某车间中，工作人员在一个工作日内噪声暴露的累积时间分别为 90dB 计 4h，

75dB 计 2h，100dB 计 2h，求该车间的等效连续 A 声级。

解： 根据表 3-15，90dB 噪声处在段数号 $n=3$ 的中心声级段；100dB 噪声处在段数号 $n=5$ 的中心声级段；75dB 噪声可以不予考虑。因此，根据式(3-103) 可得：

$$L_{eq}=80+10\lg\frac{[10^{(3-1)/2}\times240+10^{(5-1)/2}\times120]}{480}=94.7(\mathrm{dB})$$

这一结果已超过表 3-13 中所规定的限值。

噪声暴露率的计算是将暴露声级的时间除以该暴露声级的允许工作的时间。设暴露在 L_i 声级的时间为 C_i，L_i 声级允许暴露时间为 T_i，则按每天 8h 工作可算出噪声暴露率：

$$D=\frac{C_1}{T_1}+\frac{C_2}{T_2}+\frac{C_3}{T_3}+\cdots=\sum_i\frac{C_i}{T_i} \tag{3-104}$$

如果 $D>1$，表明 8h 工作的噪声暴露剂量超过允许标准，例 3-5 中的噪声暴露率 $D=\frac{4_1}{8}+\frac{2}{1}=2.5>1$，表明已超过标准限值。

(3) 室内环境噪声允许标准

为保证生活工作环境宁静，各国颁布了室内环境噪声标准，各国因地而异。ISO 1971 年提出的环境噪声允许标准中规定；住宅区室内环境噪声的容许声级为 35～45dB，并因时、因地进行修正，修正值见表 3-15 及表 3-16；我国民用建筑室内允许噪声级见表 3-17，非住宅环境噪声的容许声级见表 3-18。

表 3-15　一天不同时间声级修正值

不同的时间	修正值 L_{pA}/dB
白天	0
晚上	−5
深夜	−15～−10

表 3-16　不同地区住宅的声级修正值

不同的地区	修正值 L_{pA}/dB
农村、医院、休养区	0
市郊区、交通很少地区	+5
市居住区	+10
市居住区、少量工商或交通混合区	+15
市中心(商业区)	+20
工业区(重工业)	+25

表 3-17　我国民用建筑室内允许噪声级

建筑物类型	房间功能或要求	允许噪声级 L_{pA}/dB			
		特级	一级	二级	三级
医院	病房、休息室	—	40	45	50
	门诊室	—	55	55	60
	手术室	—	45	45	50
	测听室	—	25	25	30
住宅	卧室、书房	—	40	45	50
	起居室	—	45	50	50
学校	有特殊安静要求	—	40	—	—
	一般教室	—	—	50	—
	无特殊安静要求	—	—	—	55

续表

建筑物类型	房间功能或要求	允许噪声级 L_{pA}/dB			
		特级	一级	二级	三级
旅馆	客房	35	40	45	55
	会议室	40	45	50	50
	多用途大厅	40	45	50	—
	办公室	45	50	55	55
	餐厅、宴会厅	50	55	60	—

表 3-18 非住宅区的室内噪声允许标注

房间功能	修正值 L_{pA}/dB
大型办公室、商店、百货公司、会议室、餐厅	35
大餐厅、秘书室(有打字机)	45
大打字间	55
车间(根据不同用途)	45～75

3.3.2 噪声排放标准

(1) 工业企业厂界环境噪声排放标准

工业企业厂界环境噪声指在工业生产活动中使用固定设备等产生的、在厂界处进行测量和控制的干扰周围生活环境的声音。《工业企业厂界环境噪声排放标准》(GB 12348—2008)规定了工业企业和固定设备厂界环境噪声排放限值及测量方法；适用于工业企业噪声排放的管理、评价及控制，机关、事业单位、团体等对外环境排放噪声的单位也按本标准执行。本标准中规定了五类声环境功能区的厂界噪声排放限值（表 3-19）。

表 3-19 工业企业厂界环境噪声区域排放限值 单位：dB(A)

厂界外声环境功能区类别	昼间	夜间
0	50	40
1	55	45
2	60	50
3	65	55
4	70	55

根据《中华人民共和国噪声污染防治法》，6:00～22:00 为昼间，22:00～次日 6:00 为夜间，但由于我国幅员辽阔，各地习惯有较大差异，因此标准中规定昼间和夜间的时间由当地县级以上人民政府按当地习惯和季节变化划定。

夜间频发噪声的最大声级超过限值的幅度不得高于 10dB(A)，偶发噪声的最大声级超过限值的幅度不得高于 15dB(A)。

当厂界与噪声敏感建筑物距离小于 1m 时，厂界环境噪声应在噪声敏感建筑物的室内测量，并将表 3-20A 中相应的限值减 10dB(A) 作为评价依据。

当固定设备排放的噪声通过建筑物结构传播至噪声敏感建筑物室内时，噪声敏感建筑物室内等效声级不得超过表 3-20 和表 3-21 的规定。

表3-20 结构传播固定设备室内噪声排放限值（等效声级） 单位：dB(A)

噪声敏感建筑物所处声环境功能区类别	A类房间		B类房间	
	昼间	夜间	昼间	夜间
0	40	30	40	30
1	40	30	45	35
2、3、4	45	35	50	40

表3-21 结构传播固定设备室内噪声排放限值（倍频带声压级） 单位：dB(A)

噪声敏感建筑物所处声环境功能区类别	时段	房间类型	室内噪声倍频带声压级限值				
			31.5Hz	63Hz	125Hz	250Hz	500Hz
0	昼间	A、B类房间	76	59	48	39	34
	夜间	A、B类房间	69	51	39	30	24
1	昼间	A类房间	76	59	48	39	34
		B类房间	79	63	52	44	38
	夜间	A类房间	69	51	39	30	24
		B类房间	72	55	43	35	29
2、3、4	昼间	A类房间	79	63	52	44	38
		B类房间	82	67	56	49	43
	夜间	A类房间	72	55	43	35	29
		B类房间	76	59	48	39	34

注：1. A类房间是指以睡眠为主要目的，需要保证夜间安静的房间，包括住宅卧室、医院病房、宾馆客房等。

2. B类房间是指主要在昼间使用，需要保证思考与精神集中、正常讲话不被干扰的房间，包括学校教室、会议室、办公室、住宅中卧室以外的其他房间等。

（2）建筑施工厂界噪声限值

建筑施工往往会带来较大的噪声，国家标准《建筑施工场界环境噪声排放标准》（GB 12523—2011）规定了建筑施工场界环境噪声排放限值及测量方法，标准适用于周围有噪声敏感建筑物的建筑施工噪声排放的管理、评价及控制。市政、通信、交通、水利等其他类型的施工噪声排放可参照该标准执行，其中抢修、抢险施工过程中产生噪声的排放监管不适用于该标准。

建筑施工过程中场界环境噪声不得超过表3-22规定的排放限值。

表3-22 建筑施工厂界噪声排放限值 单位：dB(A)

昼间	夜间
70	55

注：1. 夜间噪声最大声级超过限值的幅度不得高于15dB(A)。

2. 当厂界距噪声敏感建筑物较近，其室外不满足测量条件时，可在噪声敏感建筑物室内测量，并将表中相应的限值减10dB(A)作为评价依据。

（3）铁路及机场周围环境噪声标准

《铁路边界噪声限值及其测量方法》（GB 12525—90）中规定在距铁路外侧轨道中心线30m处（即铁路边界）的等效A声级不得超过70dB。《机场周围飞机噪声环境标准》（GB 9660—88）中规定了机场周围飞机噪声的环境标准，适用于机场周围受飞机通过所产生噪声影响的区域，采用一昼夜的计权等效连续感觉噪声级 L_{WECPN} 作为评价量。标准中规定了两类适应区域及其标准限值（表 3-23）。

表 3-23　机场周围飞机噪声标准值及适用区域

适用区域	标准值 L_{WECPN}/dB
一类区域	≤70
二类区域	≤75

注：1. 一类区域：特殊居住区；居住、文教区。

2. 二类区域：除一类以外的生活区。

（4）社会生活环境噪声排放标准

《社会生活环境噪声排放标准》（GB 22337—2008）根据现行法律对社会生活噪声污染源达标排放义务的规定，对营业性文化娱乐场所和商业经营活动中可能产生环境噪声污染设备、设施规定了边界噪声排放限值和测量方法。各类声环境功能区社会生活噪声排放源边界噪声排放限值见表 3-24。

表 3-24　社会生活噪声排放源边界噪声排放限值　　单位：dB

边界外声环境功能区类别	昼间	夜间
0	50	40
1	55	45
2	60	50
3	65	55
4	70	55

固定设备排放的噪声通过建筑物结构传播至室内时，噪声排放限值参见表 3-20 和表 3-21。

随堂感悟（思政元素）

环境标准是判断环境质量和衡量环保工作优劣的准绳，是执法的依据。日常生活中，噪声扰民的事情时有发生，民事纠纷也不少，作为一名监测人，应熟悉国家和行业现行有效的标准和规范，了解新技术，能够应用噪声环境标准解决实际问题，树立生态文明理念、社会责任感和担当感，树立质量意识和规范意识。

自学评测/课后实训

1. 什么是噪声标准，我国颁布的噪声标准主要有哪三类？

2. 环境声功能区分为哪几类？简要说出各类的规定。

3. 某车间工人在一个工作日暴露于 80dB(A) 的噪声中 1h，85dB(A) 的噪声中 2h，90dB(A) 的噪声中 2h，95dB(A) 的噪声中 3h，求该工人一个工作日所受噪声的等效连续 A 声级。

4. 简述《工业企业厂界环境噪声排放标准》规定的主要内容及其排放限值。

5. 社会生活环境噪声排放标准的适用范围是什么？

任务 3.4 监测城市声环境

任务引入

长期居住在城市区域的居民或多或少都会有过这种不愉快的体验：夜晚或中午休息时间，工地上的机器轰鸣声、非法改装车辆嚣张的“炸街”声、广场舞的喇叭声等刺耳噪声，川流不息的车辆造成的交通噪声等，对日常工作生活造成很大困扰。为了解城市不同类型噪声的污染状况，评价城市噪声污染水平，华南地区某监测站对辖区内的城市环境噪声进行监测。

知识目标	能力目标	素质目标
1. 熟悉城市声环境监测相关概念。 2. 掌握城市声环境噪声测量要求。 3. 掌握不同环境下噪声的测量方法。 4. 掌握不同类型噪声测量数据结果的统计与处理。	1. 能正确运用标准规范进行噪声监测点位布设。 2. 能正确校准声级计并进行不同类别噪声环境监测。 3. 能正确进行数据处理与噪声评价。	1. 能严格遵守现场监测规范要求。 2. 能正确表达自我意见，并与他人良好沟通。 3. 具有社会主义核心价值观；形成实事求是的科学态度、严谨的工作作风，领会工匠精神；不断增强团队合作精神和集体荣誉感。

3.4.1 基本概念

（1）城市声环境常规监测

也称例行监测，是指为掌握城市声环境质量状况，生态环境部门所开展的区域声环境监测、道路交通声环境监测和功能区声环境监测（分别简称：区域监测、道路交通监测和功能区监测）。

（2）城市道路

城市范围内具有一定技术条件和设施的道路，主要为城市快速路、城市主干路、城市次干路、含轨道交通走廊的道路及穿过城市的高速公路。

（3）城市规模

通常指城市的人口数量，按市区常住人口，巨大城市为大于1000万人，特大城市为300万人～1000万人（含），大城市为100万人～300万人（含），中等城市为50万人～100万人（含），小城市为小于等于50万人。

（4）大型车

根据GA 802，指车长大于等于6m或者乘坐人数大于等于20人的载客汽车，以及总质量大于等于12t的载货汽车和挂车。

（5）中小型车

根据GA 802，指车长小于6m且乘坐人数小于20人的载客汽车，总质量小于12t的载货汽车和挂车，以及摩托车。

（6）功能区

根据GB/T 15190所划分的城市各类环境噪声适用区。

3.4.2 测量要求

（1）仪器要求

测量仪器应为精度2型及2型以上的积分平均声级计或环境噪声自动监测仪器。

（2）设备校准要求

进行噪声测量时，测量前后必须使用声校准器对声级计在测量现场进行声学校准，校准结果的示值偏差不得大于0.5dB。

（3）气象条件

噪声测量应在无雨雪、无雷电天气、风速小于5m/s的环境中进行，一般户外噪声测量时传声器应加防风罩。

3.4.3 城市声环境常规监测的内容及要求

（1）区域声环境监测

① 区域监测的目的　评价整个城市环境噪声总体水平；分析城市声环境状况的年度变化规律和变化趋势。

② 区域监测的点位设置

a. 参照GB 3096附录B中声环境功能区普查监测方法，将整个城市建成区划分成多个等大的正方形网格（如1000m×1000m），对于未连成片的建成区，正方形网格可以不衔接。网格中水面面积或无法监测的区域（如：禁区）面积为100%及非建成区面积大于50%的网格为无效网格。整个城市建成区有效网格总数应多于100个。

b. 在每一个网格的中心布设1个监测点位。若网格中心点不宜测量（如水面、禁区、马路行车道等），应将监测点移动到距离中心点最近的可测量位置进行测量。测点位置要符合GB 3096中测点选择一般户外的要求，在距离任何反射物（地面除外）至少3.5m处测量，监测点位高度距离地面为1.2～4.0m。必要时可置于高层建筑上以扩大受声范围。使用监测车辆测量，传声器应固定在车顶部1.2m高度处。

c. 监测点位基础信息见表3-25规定的内容。

表3-25　区域声环境监测点位基础信息表

年度：______城市代码：______监测站名：______网格边长：______（m）建成区面积：______（km^2）

网络代码	测点名称	测点经度	测点纬度	测点参照物	网络覆盖人口/万人	功能区代码	备注

负责人：　　　　审核人：　　　　填表人：　　　　填表日期：

注：功能区代码：0——0类区；1——1类区；2——2类区；3——3类区；4——4类区。

③ 区域监测的频次、时间与测量量

a. 昼间监测每年1次，监测工作应在昼间正常工作时段内进行，并应覆盖整个工作时段。

b. 夜间监测每五年1次，在每个五年规划的第三年监测，监测从夜间起始时间开始。

c. 监测工作应安排在每年的春季或秋季，每个城市监测日期应相对固定，监测应避开节假日和非正常工作日。

d. 每个监测点位测量10min的等效连续A声级L_{eq}（简称：等效声级），记录累积百分数声级L_{10}、L_{50}、L_{90}、L_{max}、L_{min}和标准偏差（SD）。

④ 区域监测的结果与评价

a. 监测数据应按表3-26规定的内容记录。监测统计结果按表3-27规定的内容上报。

表3-26 区域声环境监测记录表

监测站名：____________

监测仪器（型号、编号）：________声校准器（型号、编号）：________监测前校准值（dB）：________

网络代码	测点名称	月	日	时	分	声源代码	L_{eq}	L_{10}	L_{50}	L_{90}	L_{max}

负责人：　　　　审核人：　　　　测试人员：　　　　监测日期：

注：声源代码：1—交通噪声；2—工业噪声；3—施工噪声；4—生活噪声。两种以上噪声填主要噪声。除交通、工业、施工噪声外的噪声，归入生活噪声。

表3-27 区域声环境监测结果统计表

年度：________城市代码：________监测站名：________

网络代码	测点名称	月	日	时	分	L_{eq}	L_{10}	L_{50}	L_{90}	L_{max}	L_{min}	标准差(SD)	声源代码	功能区代码	备注

负责人：　　　　审核人：　　　　填表人：　　　　填表日期：

注：“月、日、时、分”指测量开始时间。

b. 计算整个城市环境噪声总体水平。将整个城市全部网格测点测得的等效声级分昼间和夜间，按式(3-105)进行算术平均运算，所得到的昼间平均等效声级和夜间平均等效声级代表该城市昼间和夜间的环境噪声总体水平。

$$\overline{S}=\frac{1}{n}\sum_{i=1}^{n}L_i \tag{3-105}$$

式中　$\overline{S}$——城市区域昼间平均等效声级（$\overline{S}_d$）或夜间平均等效声级（$\overline{S}_n$），dB(A)；

L_i——第i个网格测得的等效声级，dB(A)；

n——有效网格总数。

c. 城市区域环境噪声总体水平按表3-28进行评价。

表 3-28 城市区域环境噪声总体水平等级划分 单位：dB(A)

等级	一级	二级	三级	四级	五级
昼间平均等效声级($\overline{S}_d$)	≤50.0	50.1～55.0	55.1～60.0	60.1～65.0	>65.0
夜间平均等效声级($\overline{S}_n$)	≤40.0	40.1～45.0	45.1～50.0	50.1～55.0	>55.0

注：城市区域环境噪声总体水平等级“一级”至“五级”可分别对应评价为“好”、“较好”、“一般”、“较差”和差。

（2）道路交通声环境监测

① 道路交通监测的目的 反映道路交通噪声源的噪声强度：分析道路交通噪声声级与车流量、路况等的关系及变化规律；分析城市道路交通噪声的年变化规律和变化趋势。

② 道路交通监测的点位设置

a. 选点原则：能反应城市建成区内各类道路（城市快速路、城市主干路、城市次干路、含轨道交通走廊的道路及穿过城市的高速公路等）交通噪声排放特征。能反映不同道路特点（考虑车辆类型、车流量、车辆速度、路面结构、道路宽度、敏感建筑物分布等）交通噪声排放特征。

道路交通监测点位数量：巨大、特大城市≥100 个；大城市≥80 个；中等城市≥50 个；小城市≥20 个。一个测点可代表一条或多条相近的道路。根据各类道路的路长比例分配点位数量。

b. 监测点位：测点选在路段两段路口之间，距任一路口的距离大于 50m，路段不足 100m 的选路段中点，测点位于人行道上距路面（含慢车道）20cm 处，监测点位高度距离地面 1.2～6.0m。测点应避开非道路交通源的干扰，传声器指向被测声源。

监测点位基础信息见表 3-29 规定的内容。

表 3-29 道路交通声环境监测点位基础信息表

年度：________城市代码：________ 监测站名：________

测点代码	测点名称	测点经度	测点纬度	测点参照物	路段名称	路段起止点	路段长度/m	路幅宽度/m	道路等级	路段覆盖人口/万人	备注

负责人： 审核人： 填表人： 填表日期：

注：1. 路段名称、路段起止点、路段长度：指测点代表的所有路段。

2. 道路等级：1—城市快速路；2—城市主干路；3—城市次干路；4—城市含路面轨道交通的道路；5—穿过城市的高速公路；6—其他道路。

3. 路段覆盖人口：指该代表路段两侧对应的 4 类声环境功能区覆盖的人口数量。

③ 道路交通监测的频次、时间与测量量

a. 昼间监测每年 1 次，监测工作应在昼间正常工作时段内进行，并覆盖整个工作时段。

b. 夜间监测每五年一次，在每个五年规划的第三年监测，监测从夜间起始时间开始。

c. 监测工作应安排在每年的春季或秋季，每个城市监测日期应相对固定，监测应避开节假日和非正常工作日。

d. 每个测定测量 20min 等效声级 L_{eq}，记录累积百分数声级 L_{10}、L_{50}、L_{90}、L_{max}、L_{min} 和标准偏差（SD），分类（大型车、中小型车）记录车流量。

④ 道路交通监测的结果与评价

a. 监测数据应按 3-30 规定的内容记录。监测统计结果按表 3-31 规定的内容上报。

表 3-30　道路交通声环境监测记录表

监测站名：________________

监测仪器（型号、编号）：___声校准器（型号、编号）：___监测前校准值（dB）：___监测后校准值（dB）：___

气象条件：__________

测点代码	测点名称	月	日	时	分	L_{eq}	L_{10}	L_{50}	L_{90}	L_{max}	L_{min}	标准差（SD）	车流量(辆/___min)		备注
													大型车	中小型车	

负责人：　　　　　　　　审核人：　　　　　　　　测试人员：　　　　　　监测日期：

表 3-31　道路交通声环境监测结果统计表

年度：________城市代码：__________监测站名：________________

测点代码	测点名称	月	日	时	分	L_{eq}	L_{10}	L_{50}	L_{90}	L_{max}	L_{min}	标准差（SD）	车流量(辆/___min)		备注
													大型车	中小型车	

负责人：　　　　　　审核人：　　　　　　填表人：　　　　　　填表日期：

注："月、日、时、分"指测量开始时间。

b. 交通噪声监测的等效声级采用路段长度加权算术平均值法，按式(3-106) 计算道路交通噪声平均值。

$$\overline{L}=\frac{1}{l}\sum_{i=1}^{n}(l_i \times L_i) \tag{3-106}$$

式中　$\overline{L}$——道路交通昼间平均等效声级（$\overline{L}_d$）或夜间平均等效声级（$\overline{L}_n$），dB(A)；

l——监测的路段总长，$l=\sum_{i=1}^{n}l_i$，m；

l_i——第 i 测点代表的路段长度，m；

L_i——第 i 测点测得的等效声级，dB(A)。

道路交通噪声平均值的强度级别按表 3-32 进行评价。

表 3-32　道路交通噪声强度等级划分　　　　单位：dB(A)

等级	一级	二级	三级	四级	五级
昼间平均等效声级($\overline{L}_d$)	≤68.0	68.1～70.0	70.1～72.0	72.1～74.0	>74.0
夜间平均等效声级($\overline{L}_n$)	≤58.0	58.1～60.0	60.1～62.0	62.1～64.0	>64.0

注：道路交通噪声强度等级"一级"至"五级"可分别对应评价为"好"、"较好"、"一般"、"较差"和"差"。

（3）功能区声环境监测

① 功能区监测的目的　评价声环境功能区监测点位的昼间和夜间达标情况；反映城市各类功能区监测点位的声环境质量随时间的变化情况。

② 功能区监测的点位设置　有以下两种测量方法：

a. 定点监测法：选择能反应各类功能区声环境质量特征的监测点 1 个至若干个，进行长期定点监测，每次测量的位置高度要保持不变。

b. 普查监测法：按照GB 3096附录B中普查监测法，各类功能区粗选出其等效声级与该功能区平均等效声级无显著差异，能反映该类功能区声环境质量特征的测点若干个，再根据如下原则确定本功能区定点监测点位。

能满足监测仪器测试条件，安全可靠。

监测点位能保持长期稳定。

能避开反射面和附近的固定噪声源。

监测点位应兼顾行政区划分。

4类声环境功能区选择有噪声敏感建筑物的区域。

③ 监测点位数量及要求

a. 功能区监测点位数量：巨大、特大城市≥20个，大城市≥15个，中等城市≥10个，小城市≥7个。各类功能区监测点位数量比例按照各自城市功能区面积比例确定。

b. 监测点位距离地面高度1.2m以上。

c. 监测点位基础信息见表3-33规定的内容。

表3-33 功能区声环境监测点位基础信息表

年度：________城市代码：______________监测站名：____________________

测点代码	测点名称	测点经度	测点纬度	测点高度/m	测点参照物	功能区代码	备注

负责人：　　　　审核人：　　　　填表人：　　　　填表日期：

④ 功能区监测的频次、时间与测量量

a. 每年每季度监测1次，各城市每次监测日期应相对固定。

b. 每个监测点位每次连续监测24h，记录小时等效声级L_{eq}、小时累积百分声级L_{10}、L_{50}、L_{90}、L_{max}、L_{min}和标准偏差（SD）。

c. 监测应避开节假日和非正常工作日。

⑤ 功能区监测的结果与评价

a. 监测数据应按表3-34规定的内容记录。监测统计结果按表3-35规定的内容上报。

表3-34 功能区声环境24h监测记录表

监测站名：__________监测点名称：________监测点代码：____________功能区类别：__________

监测仪器（型号、编号）：______声校准器（型号、编号）：__________________

监测前校准值（dB）：____________监测后校准值（dB）：__________气象条件：______________

监测时间			L_{10}	L_{50}	L_{90}	L_{eq}	L_{max}	L_{min}	标准差（SD）	备注
月	日	小时开始时间								

表 3-35 功能区声环境监测结果统计表

年度：__________城市代码：______________监测站名：______________________

时段划分：昼间_____时至_____时 夜间_______时至_____时

测点代码	测点名称	功能区代码	监测时间			L_{10}	L_{50}	L_{90}	L_{eq}	L_{max}	L_{min}	标准差（SD）	备注
			月	日	时								

负责人： 审核人： 填表人： 填表日期：

注：监测时间中“时”为0～23，“0”表示0～1时段、“1”表示1～2时段，以此类推。

b. 将某一功能区昼间连续16h和夜间8h测得的等效声级分别进行能量平均，按式（3-107）和式（3-108）计算昼间等效声级和夜间等效声级。

$$L_d = 10\lg\left(\frac{1}{16}\sum_{i=1}^{16} 10^{0.1L_i}\right) \tag{3-107}$$

$$L_n = 10\lg\left(\frac{1}{8}\sum_{i=1}^{8} 10^{0.1L_i}\right) \tag{3-108}$$

式中 L_d——昼间等效声级，dB(A)；

L_n——夜间等效声级，dB(A)；

L_i——昼间或夜间小时等效声级，dB(A)

c. 各监测点位昼、夜间等效声级，按GB 3096中相应的环境噪声限值进行独立评价。

d. 各功能区按监测点次分别统计昼间、夜间达标率。

⑥ 功能区声环境质量时间分布图

a. 以每一小时测得的等效声级为纵坐标、时间序列为横坐标，绘制得出24h的声级变化图形，用于表示功能区监测点位环境噪声的时间分布规律。

b. 同一点位或同一类功能区绘制总体时间分布图时，小时等效声级采用对应小时算术平均的方法计算。

3.4.4 监测点位调整

① 城市声环境常规监测点位的位置与高度一经确定不能随意改动。当所设点位现状发生改变，已不符合点位布设要求时在数据报送时注明。

② 监测点位原则上每五年调整1次。城市建成区面积扩大，需要调整点位时，应在尽量保留原监测点位的前提下外延加设点位。当城市建成区面积扩大超过50%时，可重新布设监测点位。

③ 监测点位审批按相关规定执行。

④ 执行新调整点位的起始时间为每个五年规划的第一年。

3.4.5 城市声环境监测报告

城市声环境监测报告应主要包括下列内容：

① 概述：概略性描述监测工作概况以及声环境监测结果。

② 区域声环境监测结果与评价。

③ 道路交通声环境监测结果与评价。

④ 功能区声环境监测结果与评价。

⑤ 相关分析。

⑥ 结论。

3.4.6 质量保证与质量控制

（1）监测人员要求

凡承担噪声监测工作的人员应取得上岗资格证。

（2）监测要求

① 噪声监测的测量仪器精度、气象条件和采样方式应符合 GB 3096《声环境质量标准》的相应要求。

② 噪声测量仪器在每次测量前后应在现场用声校准器进行声校准，其前、后校准示值偏差不应大于 0.5dB，否则测量无效。测量需要使用延伸电缆时，应将测量仪器与延伸电缆一起进行校准。

③ 监测点位布设时，不应为降低测量值人为选择测量点位。

④ 城市声环境常规监测应在规定时间内进行，不得挑选监测时间或随意按暂停键。区域监测和功能区监测过程中，凡是自然社会可能出现的声音（如：叫卖声、说话声、小孩哭声、鸣笛声等），均不应予以排除。

⑤ 有条件的城市应实施功能区自动监测，实施功能区自动监测的城市，上报每季度第二个月第 10 日（正常工作日）的监测数据，如数据不符合监测条件的顺延报下一天的监测数据，待出台噪声自动监测规范后按其相关要求报数。

⑥ 如城市规模小，不具备最低布设点位要求的，点位数量可相应减少。

（3）监测记录

按标准规范要求完整记录和填写相关监测表。

随堂感悟（思政元素）

城市声环境是评价人类居住条件的重要指标之一，但是伴随着我国社会经济的不断发展，汽车数量的不断增加，我国城市声环境现状并不乐观，作为环境监测技术专业的学生，对该部分知识的掌握除了理论、技能之外，应该树立社会主义核心价值观、良好的职业素养，注重细节，掌握监测规范核心要求，诚信、严谨、不作假数据，培养一丝不苟的工匠精神，为维护良好的人居环境和生态文明建设贡献自己的力量。

自学评测/课后实训

1. 简述城市环境噪声污染的主要来源及特点。

2. 目前监测城市声环境所用的监测标准和技术规范有哪些？

3. 简述城市声环境监测的网格法和定点监测法分别适用于什么情形的噪声监测。

4. 某城市全市白天平均等效声级为 56dB，夜间全市平均等效声级为 46dB，问全市昼夜平均等效声级为多少？

5. 以你所在校园为例，分别对校园不同功能区进行布点，监测校园环境噪声。

6. 选取校园周边主干道路，进行道路交通监测现场实训，并按照规范要求进行不同路段数据统计和处理，评价测量路段交通噪声污染水平。

任务 3.5　监测工业企业厂界噪声

任务引入

2022 年 7 月 14 日夜，厦门市集美生态环境局执法人员根据群众举报，对辖区内某食品有限公司进行现场检查，发现该公司主要从事冷藏食品配送等商业服务，设置冷藏仓库 1 间，配备功率 3 匹的制冷机 1 台。检查时冷藏仓库的制冷机正常运行，外挂风机时停时运转，产噪明显。执法人员立即组织第三方检测机构对公司厂界噪声进行监测。

知识目标	能力目标	素质目标
1. 熟悉工业企业厂界噪声的概念。 2. 掌握工业企业厂界噪声监测点位的布设方法。 3. 掌握工业企业厂界噪声排放限值及其应用。	1. 能正确辨别厂界所处的声环境功能区类别。 2. 能正确运用工业企业厂界噪声标准进行噪声监测。 3. 能正确进行噪声结果的修约、修正等数据处理，并进行评价。	1. 能严格遵守现场监测规范要求。 2. 能正确表达自我意见，并与他人良好沟通。 3. 具有社会主义核心价值观；养成实事求是的科学态度、严谨的工作作风，领会工匠精神；不断增强团队合作精神和集体荣誉感。

工业企业噪声问题分为两类：一类是工业企业内部的噪声，另一类是工业企业对外界环境的影响。《工业企业厂界环境噪声排放标准》（GB 12348—2008）规定了工业企业和固定设备厂界环境噪声排放限值及其测量方法。标准适用于工业企业噪声排放的管理、评价及控制。机关、事业单位、团体等对外环境排放噪声的单位也按以上标准执行。

3.5.1　基本概念

（1）工业企业厂界环境噪声

指在工业生产活动中使用固定设备等产生的、在厂界处进行测量和控制的干扰周围生活环境的声音。

（2）厂界

由法律文书（如土地使用证、房产证、租赁合同等）中确定的业主所拥有使用权（或所有权）的场所或建筑物边界。各种产生噪声的固定设备的厂界为其实际占地的边界。

（3）噪声敏感建筑物

指医院、学校、机关、科研单位、住宅等需要保持安静的建筑物。

（4）昼间、夜间

根据《中华人民共和国噪声污染防治法》，“昼间”是指 6:00 至 22:00 之间的时段；“夜间”是指 22:00 至次日 6:00 之间的时段。

县级以上人民政府为环境噪声污染防治的需要（如考虑时差、作息习惯差异等）而对昼间、夜间的划分另有规定的，应按其规定执行。

（5）频发噪声

指频繁发生、发生的时间和间隔有一定规律、单次持续时间较短、强度较高的噪声，如排气噪声、货物装卸噪声等。

（6）偶发噪声

指偶然发生、发生的时间和间隔无规律、单次持续时间较短、强度较高的噪声。如短促鸣笛声、工程爆破噪声等。

（7）最大声级

在规定测量时间内对频发或偶发噪声事件测得的 A 声级最大值，用 L_{max} 表示，单位 dB(A)。

（8）倍频带声压级

采用符合 GB/T 3241—2010《电声学倍频程和分数倍频程滤波器》规定的倍频程滤波器所测量的倍频带声压级，其测量带宽和中心频率成正比。本标准方法采用的室内噪声频谱分析倍频带中心频率为 31.5Hz、63Hz、125Hz、250Hz、500Hz，其覆盖频率范围为 22～707Hz。

（9）稳态噪声

在测量时间内，被测声源的声级起伏不大于 3dB(A) 的噪声。

（10）非稳态噪声

在测量时间内，被测声源的声级起伏大于 3dB(A) 的噪声。

（11）背景噪声

被测量噪声源以外的声源发出的环境噪声的总和。

3.5.2 测量方法

（1）测量仪器

① 测量仪器为积分平均声级计或环境自动噪声监测仪，其性能应不低于 GB 3785 对 2 型仪器的要求。测量 35dB 以下的噪声应使用 1 型声级计，且测量范围应满足所测量噪声的需要。校准所用仪器应符合 GB/T 15173 对 1 级或 2 级声校准器的要求。当需要进行噪声的频谱分析时，仪器性能应符合 GB/T 3241 中对滤波器的要求。

② 测量仪器和校准仪器应定期检定合格，并在有效使用期限内使用；每次测量前、后必须在测量现场进行声学校准，其前、后校准示值偏差不得大于 0.5dB，否则测量结果无效。

③ 测量时传声器加防风罩。

④ 测量时仪器时间计权特性设为“F”挡，采样时间间隔不大于 1s。

（2）测量条件

① 气象条件：测量应在无雨雪、无雷电天气，风速为 5m/s 以下时进行。不得不在特殊气象条件下测量时，应采取必要措施保证测量准确性，同时注明当时所采取的措施及气象情况。

② 测量工况：测量应在被测声源正常工作时间进行，同时注明当时的工况。

（3）测点位置

① 测点布设：根据工业企业声源、周围噪声敏感建筑物的布局以及毗邻的区域类别，在工业企业厂界布设多个测点，其中包括距噪声敏感建筑物较近以及受被测声源影响大的位置。

② 测点位置一般规定：一般情况下，测点选在工业企业厂界外 1m、高度 1.2m 以上、

距任一反射面距离不小于1m的位置。

③ 测点位置其他规定：

a. 当厂界有围墙且周围有受影响的噪声敏感建筑物时，测点应选在厂界外1m、高于围墙0.5m以上的位置。

b. 当厂界无法测量到声源的实际排放状况时（如声源位于高空、厂界设有声屏障等），应按测点位置一般规定设置测点，同时在受影响的噪声敏感建筑物户外1m处另设测点。

c. 室内噪声测量时，室内测量点位设在距任一反射面0.5m以上、距地面1.2m高度处，在受噪声影响方向的窗户开启状态下测量。

d. 固定设备结构传声至噪声敏感建筑物室内，在噪声敏感建筑物室内测量时，测点应距任一反射面0.5m以上、距地面1.2m、距外窗1m以上，窗户关闭状态下测量。被测房间内的其他可能干扰测量的声源（如电视机、空调机、排气扇以及镇流器较响的日光灯、运转时出声的时钟等）应关闭。

（4）测量时段

① 分别在昼间、夜间两个时段测量。夜间有频发、偶发噪声影响时同时测量最大声级。

② 被测声源是稳态噪声，采用1min的等效声级。

③ 被测声源是非稳态噪声，测量被测声源有代表性时段的等效声级，必要时测量被测声源整个正常工作时段的等效声级。

（5）背景噪声测量

① 测量环境：不受被测声源影响且其他环境与测量被测声源时保持一致。

② 测量时段：与被测声源测量的时间长度相同。

（6）测量记录

噪声测量时需做测量记录。记录内容应主要包括被测量单位名称、地址、厂界所处声环境功能区类别、测量时气象条件、测量仪器、校准仪器、测点位置、测量时间、测量时段、仪器校准值（测前、测后）、主要声源、测量工况、示意图（厂界、声源、噪声敏感建筑物、测点等位置）、噪声测量值、背景值、测量人员、校对人、审核人等相关信息。

（7）测量结果修正

① 噪声测量值与背景噪声值相差大于10dB(A）时，噪声测量值不做修正。

② 噪声测量值与背景噪声值相差在3～10dB(A）之间时，噪声测量值与背景噪声值的差值取整后，按表3-36进行修正。

表3-36 测量结果修正表 单位：dB(A)

差值	3	4～5	6～10
修正值	−3	−2	−1

③ 噪声测量值与背景噪声值相差小于3dB(A）时，应采取措施降低背景噪声后，视情况按①或②执行；仍无法满足前两款要求的，应按环境噪声监测技术规范的有关规定执行。

3.5.3 测量结果评价

① 各个测点的测量结果应单独评价。同一测点每天的测量结果按昼间、夜间进行评价。

② 最大声级 L_{max} 直接评价。

随堂感悟（思政元素）

随着国家经济的快速发展，生产能力呈几何级数增长、人口膨胀导致城市的发展速度与范围超过原有规划所预期。一些老牌工业区，工、商、交、居混杂建设，功能区划分不明晰，企业确保厂界噪声达标排放避免扰民就尤为重要。在此种情况下，如何以准确的噪声环境监测数据为企业的正常运行提供良好的指示性服务，确保生产过程符合国家环保政策，是企业环保工作的一项重要任务。如何在工作中保证标准得到严格执行，确保数据的科学性，是问题的关键。因此，注重细节，诚信、严谨、不作假数据是环保监测人员基本的职业素养。

自学评测/课后实训

1. 工业企业厂界是如何界定的？
2. 一般情况，应如何设置工业企业厂界噪声监测点位？
3. 工业企业厂界噪声监测过程中，如遇复杂现场，应该如何处理？
4. 简述工业企业厂界噪声点位布设要求。
5. 简述噪声测量仪器的校准过程，并说出注意事项。

任务 3.6　监测建筑施工场界噪声

任务引入

某建设单位将八个标段分包给八家施工单位施工。施工单位为追求进度，在夜间 22 时至次日凌晨 6 时连续施工。与施工工地一路之隔的居民不堪忍受夜间噪声扰民，多次通过夜间自发阻拦施工、拨打投诉电话等方式进行维权。该施工单位曾因在未取得许可情况下夜间施工被行政部门多次处罚，但仍屡教不改。20 余户居民将建设单位及八家施工单位诉至法院，要求停止夜间施工，分别赔偿精神损害抚慰金 3 万余元。施工单位以其施工并未导致噪声超标，并委托第三方检测机构对建筑施工场地进行仲裁监测。

知识目标	能力目标	素质目标
1. 理解建筑施工场界噪声的概念。 2. 掌握建筑施工场界监测点位的布设方法。 3. 掌握建筑施工场界噪声排放限值、应用及评价。	1. 能正确辨别建筑施工场界所处的声环境功能区类别。 2. 能正确运用建筑施工场界噪声标准进行噪声监测。 3. 能正确进行噪声结果的修约、修正等数据处理，并进行评价。	1. 能严格遵守现场监测规范要求。 2. 能正确表达自我意见，并与他人良好沟通。 3. 具有社会主义核心价值观；养成实事求是的科学态度、严谨的工作作风，领会工匠精神；不断增强团队合作精神和集体荣誉感。

建筑施工往往会带来较大的噪声，目前，对建筑施工过程中产生的噪声监测，主要依据《建筑施工场界环境噪声排放标准》（GB 12523—2011），该标准规定了建筑施工场界环境噪声排放限值及测量方法，适用于周围有噪声敏感建筑物的建筑施工噪声排放的管理、评价及控制。抢修、抢险施工过程中产生噪声的排放监管不适用上述标准。

3.6.1 基本概念

（1）建筑施工

建筑施工是指工程建设实施阶段的生产活动，是各类建筑物的建造过程，包括基础工程施工、主体结构施工、屋面工程施工、装饰工程施工（已竣工交付使用的住宅楼进行室内装修活动除外）等。

（2）建筑施工噪声

建筑施工过程中产生的干扰周围生活环境的声音。

（3）建筑施工场界

由有关主管部门批准的建筑施工场地边界或建筑施工过程中实际使用的施工场地边界。

3.6.2 测量方法

（1）测量仪器

① 测量仪器为积分平均声级计或噪声自动监测仪器，其性能应不低于 GB/T 3785 对2型仪器的要求。校准所用仪器应符合 GB/T 15173 对1级或2级声校准器的要求。

② 测量仪器和校准仪器应定期检定合格，并在有效使用期限内使用；每次测量前、后必须在测量现场进行声学校准，其前、后校准的测量仪器示值偏差不得大于 0.5dB(A)，否则测量结果无效。

③ 测量时传声器加防风罩。

④ 测量仪器时间计权特性设为快（F）挡。

（2）测量气象条件

测量应在无雨雪、无雷电天气，风速为 5m/s 以下时进行。

（3）测点位置

① 测点布设：根据施工场地周围噪声敏感建筑位置和声源位置的布局，测点应设在对噪声敏感建筑物影响较大、距离较近的位置。

② 测点位置一般规定：一般情况测点设在建筑施工场界外 1m，高度 1.2m 以上的位置。

③ 测点位置其他规定：

a. 当场界有围墙且周围有噪声敏感建筑物时，测点应设在场界外 1m，高于围墙 0.5m 以上的位置，且位于施工噪声影响的声照射区域。

b. 当场界无法测量到声源的实际排放时，如：声源位于高空、场界有声屏障、噪声敏感建筑物高于场界围墙等情况，测点可设在噪声敏感建筑物户外 1m 处的位置。

c. 在噪声敏感建筑物室内测量时，测点设在室内中央、距室内任一反射面 0.5m 以上、距地面 1.2m 高度以上，在受噪声影响方向的窗户开启状态下测量。

（4）测量时段

施工期间，测量连续 20min 的等效声级，夜间同时测量最大声级。

（5）背景噪声测量

① 测量环境：不受被测声源影响且其他声环境与测量被测声源时保持一致。

② 测量时段：稳态噪声测量 1min 的等效声级，非稳态噪声测量 20min 的等效声级。

(6) 测量记录

噪声测量时需做测量记录。记录内容应主要包括被测量单位名称、地址、测量时气象条件、测量仪器、校准仪器、测点位置、测量时间、仪器校准值（测前、测后）、主要声源、示意图（场界、声源、噪声敏感建筑物、场界与噪声敏感建筑物间的距离、测点位置等）、噪声测量值、最大声级值（夜间时段）、背景噪声值、测量人员、校对人员、审核人员等相关信息。

(7) 测量结果修正

① 背景噪声值比噪声测量值低 10dB(A) 以上时，噪声测量值不做修正。

② 噪声测量值与背景噪声值相差在 3～10dB(A) 之间时，噪声测量值与背景噪声值的差值修约后，按表 3-36 进行修正。

③ 噪声测量值与背景噪声值相差小于 3dB(A) 时，应采取措施降低背景噪声后，视情况按①和②执行；仍无法满足前两款要求的，应按环境噪声监测技术规范的有关规定执行。

3.6.3 测量结果评价

① 各个测点的测量结果应单独评价。

② 最大声级 L_{Amax} 直接评价。

随堂感悟（思政元素）

在建筑施工现场，随着工程的进度和施工工序的更替，会采用不同的施工机械和施工方法，有自始至终频繁进行的材料和构件的运输活动，还有各种敲打、撞击、旧建筑的倒塌、人的呼喊等。因此，噪声源是多种多样的，而且经常变换。由于施工机械多是露天作业，四周无遮挡，部分机械需要经常移动，起吊和安装工作需要高空作业，所以建筑施工中的某些噪声具有突发性、冲击性、不连续性等特点，特别容易引起人们的烦恼，噪声扰民也时有发生。因此，诚信、遵照规范、不违规作业是公民基本的社会担当和责任感，和谐、宜居的环境需要大家共同创造，生态文明理念的认同感就显得相当重要。

自学评测/课后实训

1. 简述建筑施工不同阶段主要噪声来源。
2. 如何界定建筑施工工地的场界?
3. 查阅相关标准及排放限值。
4. 简述建筑施工场界噪声监测点位布设要求。
5. 建筑施工过程中，遇到一些特殊声源的情况，应如何处理?
6. 建筑施工场界噪声测定结果如何评价?

任务 3.7 测量社会生活环境噪声

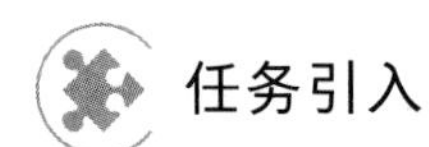

任务引入

2023 年 7 月 1 日，执法人员接到投诉，A 店在某小区 2 栋一楼（非其店铺经营地址）

设置的冷库造成环境噪声污染。经核查，该店铺是经营水产品的，出于水产保鲜的需要，租用了该处设置冷库保鲜产品。执法人员现场采用简易仪器检测发现，其设备产生的噪声为77.1dB，超过了国家规定的噪声排放标准。执法中队现场督促当事人立即采取有效措施消除对周边的噪声影响，但当事人逾期未有效改正。为明确执法证据，执法中队委托第三方专业检测机构对其噪声设备及设施边界噪声进行检测。

知识目标	能力目标	素质目标
1. 熟悉社会生活环境噪声的概念。 2. 掌握社会生活环境噪声监测点位的布设方法。 3. 掌握社会生活环境噪声边界排放限值、应用及评价方法。	1. 能正确进行社会生活环境噪声监测点位的布设。 2. 能正确运用社会生活环境标准进行边界噪声监测。 3. 能正确进行噪声结果的修约、修正等数据处理，并进行评价。	1. 能严格遵守现场监测规范要求。 2. 能正确表达自我意见，并与他人良好沟通。 3. 具有社会主义核心价值观；养成实事求是的科学态度、严谨的工作作风，领会工匠精神；不断增强团队合作精神和集体荣誉感。

社会生活环境噪声主要针对营业性文化娱乐场所和商业经营活动的机构对外排放的噪声。《社会生活环境噪声排放标准》（GB 22337—2008）规定了可能产生环境噪声污染的设备、设施边界噪声的测量方法，适用于对营业性文化娱乐场所、商业经营活动中使用的向环境排放噪声的设备、设施的管理、评价与控制。

3.7.1 基本概念

社会生活噪声指营业性文化娱乐场所和商业经营活动中使用的设备、设施产生的噪声。

3.7.2 测量方法

（1）测量仪器

① 测量仪器为积分平均声级计或环境自动噪声监测仪，其性能应不低于 GB/T 3785 对 2 型仪器的要求。测量 35dB 以下的噪声应使用 1 型声级计，且测量范围应满足所测量噪声的需要。校准所用仪器应符合 GB/T 15173 对 1 级或 2 级声校准器的要求。当需要进行噪声的频谱分析时，仪器性能应符合 GB/T 3241 中对滤波器的要求。

② 测量仪器和校准仪器应定期检定合格，并在有效使用期限内使用；每次测量前、后必须在测量现场进行声学校准，其前、后校准示值偏差不得大于 0.5dB，否则测量结果无效。

③ 测量时传声器加防风罩。

④ 测量时仪器时间计权特性设为“F”挡，采样时间间隔不大于 1s。

（2）测量条件

① 气象条件：测量应在无雨雪、无雷电天气，风速为 5m/s 以下时进行。不得不在特殊气象条件下测量时，应采取必要措施保证测量准确性，同时注明当时所采取的措施及气象情况。

② 测量工况：测量应在被测声源正常工作时间进行，同时注明当时的工况。

（3）测点位置

① 测点布设：根据社会生活噪声排放源、周围噪声敏感建筑物的布局以及毗邻的区域类别，在社会生活噪声排放源边界布设多个测点，其中包括距噪声敏感建筑物较近以及受被

测声源影响较大的位置。

② 测点位置一般规定：一般情况下，测点选在社会生活噪声排放源边界外 1m、高度 1.2m 以上、距任一反射面距离不小于 1m 的位置。

③ 测点位置其他规定：

a. 当边界有围墙且周围有受影响的噪声敏感建筑物时，测点应选在边界外 1m、高于围墙 0.5m 以上的位置。

b. 当边界无法测量到声源的实际排放状况时（如声源位于高空、边界设有声屏障等），应按测点位置一般规定来设置测点，同时在受影响的噪声敏感建筑物户外 1m 处另设测点。

c. 室内噪声测量时，室内测量点位设在距任一反射面 0.5m 以上、距地面 1.2m 高度处，在受噪声影响方向的窗户开启状态下测量。

d. 社会生活噪声排放源的固定设备结构传声至噪声敏感建筑物室内，在噪声敏感建筑物室内测量时，测点应距任一反射面 0.5m 以上、距地面 1.2m、距外窗 1m 以上，窗户关闭状态下测量。被测房间内的其他可能干扰测量的声源（如电视机、空调机、排气扇以及镇流器较响的日光灯、运转时出声的时钟等）应关闭。

（4）测量时段

① 分别在昼间、夜间两个时段测量。夜间有频发、偶发噪声影响时同时测量最大声级。

② 被测声源是稳态噪声，采用 1min 的等效声级。

③ 被测声源是非稳态噪声，测量被测声源有代表性时段的等效声级，必要时测量被测声源整个正常工作时段的等效声级。

（5）背景噪声测量

① 测量环境：不受被测声源影响且其他声环境与测量被测声源时保持一致。

② 测量时段：与被测声源测量的时间长度相同。

（6）测量记录

噪声测量时需做测量记录。记录内容应主要包括被测量单位名称、地址、边界所处声环境功能区类别、测量时气象条件、测量仪器、校准仪器、测点位置、测量时间、测量时段、仪器校准值（测前、测后）、主要声源、测量工况、示意图（边界、声源、噪声敏感建筑物、测点等位置）、噪声测量值、背景值、测量人员、校对人、审核人等相关信息。

（7）测量结果修正

① 噪声测量值与背景噪声值相差大于 10dB(A) 时，噪声测量值不做修正。

② 噪声测量值与背景噪声值相差在 3～10dB(A) 之间时，噪声测量值与背景噪声值的差值取整后，按表 3-36 进行修正。

③ 噪声测量值与背景噪声值相差小于 3dB(A) 时，应采取措施降低背景噪声后，视情况按①或②执行；仍无法满足前两款要求的，应按环境噪声监测技术规范的有关规定执行。

3.7.3 测量结果评价

① 各个测点的测量结果应单独评价。同一测点每天的测量结果按昼间、夜间进行评价。

② 最大声级 L_{Amax} 直接评价。

随堂感悟（思政元素）

社会生活中的环境噪声是非常普遍的，只要是人类活动的场所都会有噪声，尤其是闹市区的老城区和商业区，由于人口密集，KTV、餐厅、超市等都是毗邻住宅区，所用的水、电、空调、变压器、冷却塔等设备所产生的噪声分贝高、音量低，对人类造成的影响和干扰也更大。

设备使用噪声是客观的，而人为噪声则是主观因素。因此，加强对社会生活环境噪声的认识，增强公众的素质，加强道德宣传，树立生态文明理念，践行社会主义核心价值观、诚信监测、不作假数据，以道德和法规双层约束，才会有一个绿色、健康的生活环境。

自学评测/课后实训

1. 如何界定社会生活环境噪声？
2. 简述社会生活噪声排放标准的限值及划分依据。
3. 简述社会生活环境噪声监测点位布设要求。
4. 简述社会生活环境噪声测量中，对测量时段的规定。
5. 如何评价社会生活环境噪声测量结果？

项目 4

环境热、光、低频振动监测

项目导读

某省某环境监测公司中标了该省某地市的环境热、光、低频振动监测项目。项目的主要内容有：完成特定污染源的热污染排放监测、特定环境的光污染现状调查和特定区域的低频振动监测。

任务分解

项目构成有三大模块，分别分配给三组人员：

一组人员负责完成特定污染源的热污染排放监测。

一组人员负责完成特定环境的光污染状况调查。

一组人员负责完成特定区域的低频振动监测。

任务 4.1 监测环境热污染

任务引入

公司员工范工有多年的环境热污染监测经验，公司拟派范工为项目负责人，要求范工近期对项目组成员开展环境热污染监测的基础知识和技能的培训，然后对项目内特定热污染源的热污染进行监测。

知识目标	能力目标	素质目标
1. 认识环境热污染。 2. 认识环境热污染的危害。	1. 掌握环境热污染的监测方法。 2. 熟悉环境热污染的一般处理手段。	1. 树立正确的科学辩证思维。 2. 树立正确的世界观。 3. 认识生态文明建设的重要性。

4.1.1 热污染的来源

热污染是指由于人类活动，导致环境温度变化并对环境和人类产生影响的现象。热污染对环境的影响主要有三个方面：改变大气组成，改变太阳辐射和地球辐射的透过率。如大气中颗粒物浓度的增加、对流层上部水蒸气增加、臭氧层破坏都会改变大气的组成，改变地表状况，改变反射率，改变地表和大气之间的换热过程；过度农牧导致的沙漠化会改变地表的反射率，城市建设形成城市热岛，污染物排放导致冰面反射率降低而吸热溶化等；直接向环境排热，如炼钢、炼焦向大气放热，电厂向水体放热等。

4.1.2　热污染的危害

热污染可能会导致大气污染和水体污染。火力发电厂、核电站和钢铁厂的冷却系统排出的热水，以及石油、化工、造纸等工厂排出的生产性废水中均含有大量废热。这些废热排入地面水体之后，能使水温升高。在工业发达的美国，每天所排放的冷却用水达 4.5 亿立方米，接近全国用水量的 1/3；废热水含热量约 2500 亿千卡，足够 2.5 亿立方米的水温升高 10℃。热污染的影响可分为局部环境危害、城市热岛效应和全球温室效应。由此可见热污染轻则危害人类健康，重则危害生态，因此不能忽视。

（1）局部环境危害

如工业企业的排热，长期工作在高温环境的工人身心健康会受到影响。1965 年澳大利亚曾流行过一种脑膜炎，后经科学家证实，其祸根是一种变形原虫，由于发电厂排出的热水使河水温度增高，这种变形原虫在温水中大量滋生，造成水源污染而引起了这次脑膜炎的流行。

（2）城市热岛效应

所谓城市热岛效应，通俗地讲就是城市化的发展，导致城市中的气温高于外围郊区的这种现象。在气象学近地面大气等温线图上，郊外的广阔地区气温变化很小，如同一个平静的海面，而城区则是一个明显的高温区，如同突出海面的岛屿，由于这种岛屿代表着高温的城市区域，所以就被形象地称为城市热岛。在夏季，城市局部地区的气温，能比郊区高 6℃甚至更高，形成高强度的热岛。

对于居民生活的影响来说，主要是夏季高温天气的热岛效应。医学研究表明，环境温度与人体的生理活动密切相关，环境温度高于 28℃时，人们就会有不舒适感；温度再高就易导致烦躁、中暑、精神紊乱；气温高于 34℃，并且频繁的热浪冲击，还可引发一系列疾病，特别是使心脏、脑血管和呼吸系统疾病的发病率上升，死亡率明显增加。此外，高温还会加快光化学反应速率，从而使大气中 O_3 浓度上升，加剧大气污染，进一步伤害人体健康。

（3）全球温室效应

随着人口和耗能量的增长，城市排入大气的热量日益增多。按照热力学定律，人类使用的全部能量终将转化为热，传入大气，逸向太空。这样，使地面反射太阳热能的反射率增高，吸收太阳辐射热减少，沿地面空气的热减少，上升气流减弱，阻碍云雨形成，造成局部地区干旱，影响农作物生长。近一个世纪以来，地球大气中的二氧化碳不断增加，气候变暖，冰川积雪融化，使海水水位上升，一些原本炎热的城市，变得更热。专家们预测，如按现在的能源消耗速度计算，每 10 年全球温度会升高 0.1～0.26℃；一个世纪后即为 1.0～2.6℃，而两极温度将上升 3～7℃，对全球气候会有重大影响。

温室效应产生的后果主要有：地球上的病虫害增加；海平面上升；气候反常，海洋风暴增多；土地干旱，沙漠化面积增大。

4.1.3 环境热污染的监测

（1）确定环境本底温度 T_b

在远离热源和其他热感干扰，空气流动低于 2m/s 的地方测量热污染源周边环境的本底温度，可以由历史资料提供，也可以实时测得 T_b，此时 $T_b = T_b(t)$，为时间的函数。根据热污染源的排放时间特性，确定本底温度的测量周期 T。

（2）确定污染源的质量排放量和温度

在污染源排放系统上安装自动监测系统，确定其实时流量 $Q(t)$，和实时温度 $T(t)$。

（3）确定污染物的比热容 C

比热容的确定可以由实验确定，按污染物的特性均匀（参照污水、废气或固废的采样要求）采集样品，质量为 m(kg)，在实验室升高 1℃需要能量为 E_C，此时比热容 C 由式(4-1）确定。

$$C = E_C / m \tag{4-1}$$

（4）计算污染源的热排放量

根据热量与温度的关系式可得到一个周期内污染物排放的热量为式(4-2)。

$$E = \int_0^{T_P} C(T - T_b)Q\mathrm{d}t \tag{4-2}$$

式中，T、T_b、Q 均为时间的函数，T_P 为排放周期。

4.1.4 环境热污染的一般处理手段

造成热污染最根本的原因是能源未能被最有效、最合理地利用。随着现代工业的发展和人口的不断增长，环境热污染将日趋严重。然而，人们尚未有用一个量值来规定其污染程度，这表明人们并未对热污染有足够重视。为此，应尽快制定环境热污染的控制标准，采取行之有效的措施防治热污染。

（1）废热的综合利用

充分利用工业的余热，是减少热污染的最主要措施。生产过程中产生的余热种类繁多，有高温烟气余热、高温产品余热、冷却介质余热和废气废水余热等。这些余热都是可以利用的二次能源。我国每年可利用的工业余热相当于 5000 万吨标煤的发热量。在冶金、发电、化工、建材等行业，通过热交换器利用余热来预热空气、原燃料、干燥产品、生产蒸汽、供应热水等。此外还可以调节水田水温、调节港口水温以防止冻结。

对于冷却介质余热的利用方面主要是电厂和水泥厂等冷却水的循环使用，改进冷却方式，减少冷却水排放。

对于压力高、温度高的废气，要通过汽轮机等动力机械直接将热能转为机械能。

（2）加强隔热保温，防止热损失

在工业生产中，有些窑体要加强保温、隔热措施，以降低热损失，如水泥窑筒体用硅酸铝毡、珍珠岩等高效保温材料，既减少热散失，又降低水泥熟料热耗。

（3）寻找新能源

利用水能、风能、地能、潮汐能和太阳能等新能源，既解决了污染物，又是防止和减少热污染的重要途径。特别是太阳能的利用上，各国都投入大量人力和财力进行研究，取得了一定的效果。

随堂感悟（思政元素）

热污染在全球气候的宏观反应便是全球变暖及其带来的极端气候问题。为此，2020年9月22日，中国在第七十五届联合国大会上宣布，中国力争2030年前二氧化碳排放达到峰值，努力争取2060年前实现碳中和目标。

“双碳”目标倡导绿色、环保、低碳的生活方式。加快降低碳排放步伐，有利于引导绿色技术创新，提高产业和经济的全球竞争力。中国持续推进产业结构和能源结构调整，大力发展可再生能源，在沙漠、戈壁、荒漠地区加快规划建设大型风电光伏基地项目，努力兼顾经济发展和绿色转型同步进行。

我国的“双碳”目标，是站在“人类命运共同体”的高度提出的，由此看出中华文明必将复兴，站在世界之巅。

自学评测/课后实训

写一篇关于我国“双碳”目标的心得体会。

任务4.2 监测环境光污染

任务引入

公司员工冯工有多年的环境光污染监测经验，公司拟派冯工为项目负责人，要求冯工近期对项目组成员开展环境光污染监测的基础知识和技能的培训，然后对项目内特定环境的光污染进行监测。

知识目标	能力目标	素质目标
1. 认识环境光污染。 2. 认识环境光污染的危害。	1. 了解环境光污染的监测方法。 2. 了解环境光污染的评价。 3. 了解环境光污染的控制方法。	1. 树立正确的科学辩证思维。 2. 树立正确的世界观。 3. 认识生态文明建设的重要性。

4.2.1 光污染的来源

天然光环境的光源是太阳，日光穿过大气层时被大气中的气体分子、云和尘埃扩散，使天空具有一定的亮度。地球上接受的天然光就是由直射日光和天空扩散光形成的。通常以地面照度、天空亮度和天然光的色度值来定量描述天然光环境。地面照度取决于太阳高度角、天空亮度和大气透明度。

在人的各种感官和知觉中，眼睛和视觉至关重要，人靠眼睛获得75%以上的外界信息。光源发出的光照射在物体上，被物体表面反射，因物体形状、质地、颜色的差异造成入射光在强弱、方向和光谱组成上的不同变化。这些光信号进入眼睛，在视网膜上形成图像。图像传至大脑，经过分析、识别、联想，最后形成视知觉。由此可见，没有光，就不存在视觉，人类也无法认识和改造环境。

人借助视觉器官完成一定视觉任务的能力称为视觉功能。眼睛区分识别对象细节的能力和辨认对比的能力，是表述视觉功能的常用指标。视觉与触觉不同，触觉单独感知一个物体的存在，视觉感知的却是全部环境。因此，视觉功能不但与识别对象的照度有关，还与整个光环境的质量，包括光的表观颜色、环境亮度、光的方向、光源的显色性能、直射与反射眩光等有密切联系。

优良的光环境能提高人的工作效率，保护人的健康，使人感到安全、舒适、美观，产生显著良好的心理效果。所以，研究光环境的质量评价指标，同样具有十分重要的意义。

环境中光照射（辐射）过强，对人类或其他生物的正常生存和发展产生不利影响的现象，即为光污染。光污染的来源可分为几大类，包括超量的光辐射，紫外、红外辐射等。光辐射污染最常见的是眩光。照明器亮度过高或对比过强造成的眩光使人的视力下降，导致工作效率降低并加强视觉疲劳。如白天城市大楼的玻璃幕墙所反射的太阳光对周围环境的影响；夜晚时工地、工厂施工作业所使用的大功率照明灯，以及街道照明、运动场及广场照明、广告照明等。

4.2.2 光污染的危害

现代化都市被璀璨绚丽的灯具装饰着，灯火通明的城市给人们带来舒适和便捷的同时也伴随着严重的光污染。光污染最直接的危害是对人的视觉危害，除此之外，据有关专家介绍，彩光灯产生的紫外线大大高于阳光，长期处于其照射下，可诱发鼻出血、脱牙、白内障甚至白血病、癌症等疾病，对人的心理也会形成一定压力，出现头晕、神经衰弱等。散射光照进邻近的住宅，影响居民的休息，长时间在光亮环境中睡眠，会使大脑神经得不到真正的休息，人就会神经衰弱。扑朔迷离的灯箱在把城市打扮成不夜城的同时，也像一个无形的杀手危害着人们的身体健康。现在灯箱广告的照明均由日光灯组成。且随着商品广告的增强，城市中的灯箱广告数量会越来越多，并将朝体积大、面积广、亮度强的超大型发展。调查中发现，65％的人认为“人工白昼”影响健康，84％的人反映影响睡眠。此外，城市夜间照明对天空散射的杂光以及天文观测产生严重干扰，这也被视为一种光污染。比如很难在城市的夜空下看见闪烁的星星。

从其污染性质来看，光污染是属于物理性污染，特别是光污染在环境中不会有残余物存在，在污染源停止作用后，污染也就立即消失。同时污染范围一般是局部性的。国际上一般将光污染分成三类，即白亮污染、人工白昼和彩光污染。

（1）白亮污染

阳光照射强烈时，城市里建筑物的玻璃幕墙、釉面砖墙、磨光大理石和各种涂料等装饰反射光线，明晃白亮、耀眼夺目。专家研究发现，长时间在白色光亮污染环境下工作和生活的人，视网膜和虹膜都会受到损害，视力急剧下降，白内障的发病率高达45％，还会使人头昏心烦，甚至出现类似神经衰弱的症状。

（2）人工白昼

夜幕降临后，商场、酒店上的广告灯、霓虹灯闪烁夺目，令人眼花缭乱。有些强光束甚至直冲云霄，使得夜晚如同白天一样，即所谓人工白昼。在这样的环境里，夜晚难以入睡，扰乱人体正常的生物钟，导致白天工作效率低下。人工白昼还会伤害鸟类和昆虫，强光可能破坏昆虫在夜间的正常繁殖过程。

(3) 彩光污染

舞厅、夜总会安装的黑光灯、旋转灯以及闪烁的彩色光源构成了彩光污染。据测定，黑光灯所产生的紫外线强度远大于太阳光中紫外线的强度，且对人体有害影响持续时间长。人如果长期接受这种照射，可诱发流鼻血、脱牙、白内障，甚至导致白血病和其他癌变。彩色光源让人眼花缭乱，不仅对眼睛不利，而且干扰大脑中枢神经，使人感到头晕目眩，出现恶心呕吐、失眠等症状。科学家最新研究表明，彩光污染不仅有损人的生理功能，还会影响心理健康。

4.2.3 光污染测量原理

(1) 人眼特征

衡量人眼分辨力的参数为视力。与望远镜的分辨力类似，视力表明人眼能够分辨两个距离很近物体的能力。通常采用兰道尔环来表示，在 5m 远处观察直径为 7.5mm、环粗和开口均为 1.5mm 的环，此时该开口形成 1′的角度，如果刚好能够分辨，则视力为 1.0。若刚好能够识别比这大一倍的环，则视力为 0.5。通常所说的人眼的视力，是指在明亮环境下，注视点的视力，也叫中心视力。注视点对应人眼的黄斑，是人眼视觉细胞最密集的地方，因此也是视力最好的地方。偏离中心 2°的角度，则视力下降为 1/2；偏离中心 10°，则下降为 1/10。这是因为，对于明亮物体，主要是视锥细胞在起作用，而视锥细胞主要集中在大约半径为 3 度的黄斑里面，外边分布比较稀少，因此分辨本领不佳，在偏离中心 20°时，视力不还到 0.1。尽管周边视力不佳，但对于运动物体和闪动非常敏感。例如，直接观察日光灯管的一端，不会看到 50Hz 的闪动，而用余光观察，一般可以看到闪动。

在比较黑暗的地点，例如在亮度为 0.01 尼特（1 尼特＝1cd/m^2）的情况下，视锥细胞就不再起作用，只能是分布广而相对稀疏的视杆细胞起作用，因此人眼的分辨能力大为下降，中心黄斑部分视力下降到 0.05，反而不如黄斑以外（因为中心黄斑几乎没有视杆细胞），非黄斑区域视力基本不变，最好视力在黄斑边缘附近，偏离中心 15°左右，为 0.1。这时的视力称为暗视觉。但由于视杆细胞只有一种，分辨不出物体颜色，因此观察星云时（其表面亮度大多在 0.01 尼特以下），看不出颜色。

人眼的视觉曲线与感觉细胞的密度直接相关，换句话说，视力曲线上的某一点与视网膜上相应感觉细胞的密度有换算关系。从另外一个角度来看，由于在 5 尼特的亮度情况下人的瞳孔直径约为 2.5mm，因此，根据瑞利判据，其理论分辨力为 140/2.5＝56″，这与人眼中心的最佳视力是非常匹配的。但是，若光线变暗，瞳孔直径会变大，尽管理论分辨能力也会提高，但人眼光学系统不是理想系统，像差会随光圈的增大而加大，不过恰巧人眼的后部感觉细胞在这个时候分辨能力也随之下降，因此感觉不到这样的像差。这一巧妙的配合，是眼睛在长期进化的过程中适应的。

人眼同时可以看到前方物体的角度，称为视角。从小到大排列，共有以下几类：

① 单眼视角。一只眼睛，看正前方，眼球不可转动，头向前方不可动。则（以右眼为例）上面可见 50°，下面 70°，左边 60°，右边 100°。

② 同上，但头可以动。这样，可以比较完整的表现眼球的视觉范围而把眼眶、鼻子的遮挡去掉。其结果是，上面可见 55°，下面 75°，左边 60°，右边 100°。奇怪的是，左右角度没有变化。

③ 同①但为双眼视角。则上下角度一样（共120°），左右分别为100°（共200°）。

④ 同②但为双眼视角。则上下角度一样（共130°），左右分别为100°（共200°）。

⑤ 单眼视角，眼球可以转动，但头不可动。则（以右眼为例）上面可见70°，下面80°，左边65°，右边115°。

⑥ 双眼视角。同上但为双眼，则上下一样（共150°），左右分别为115°（共230°）。

⑦ 注视视角。双眼，头不可动，眼球可以转动，视觉中心可以到达的范围。上面40°，下面50°，左右各55°。

在这些视角中，③代表不经意可以见到的最大范围，用于作为动物本能的“防范”；⑤代表头不动时可以察觉到的最大范围，用于动物本能的“进攻”。

人眼的视觉曲线是指对于不同波长（不同颜色）的光，主观亮度的相对值曲线。人眼最灵敏的点是在555nm的黄绿色光。对于475nm的蓝色光和650nm的橙红色光，需要10倍的强度才能引起与这黄绿色光相同的亮度感觉，而对于685nm的红色光，灵敏度就更下降到1%了。在0.001尼特以下亮度测定的曲线为暗视觉曲线，峰值转移到510nm的绿色光，相应10%灵敏度的点分别为420nm和585nm。这是杆状细胞在起作用。

（2）人眼视觉特性与各种外界条件的关系

视力与亮度的关系如图4-1所示，视力随着被观测物体的亮度变化是非常显著的。在一般情况下，视力随亮度的增加而提高。例如，晚间看书写字时，需要保持一定的照明，以避免由于亮度降低而引起的视力下降，否则必须把书本移近眼睛才能看清楚，长期如此就会导致近视。从图4-1也可以看到，在0.01尼特以下的亮度，人眼的视力将变得很差。

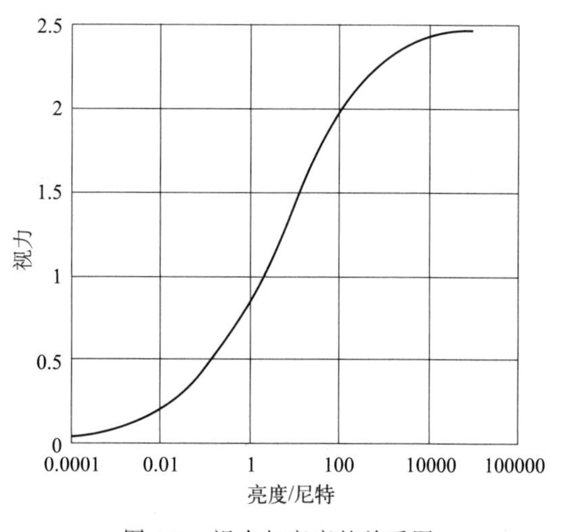

图4-1 视力与亮度的关系图

把两个不同亮度的物体放在一起，为了区分它们的不同，其亮度应该有一定的差异，小于这个差异，就区分不出来。当亮度大于1尼特时，只要有1.5%或更小的亮度差异，人眼就可以分辨出来。在0.1尼特时，需要5%的差异才能分辨，在0.01尼特时，需要10%的差异，在1毫尼特时，需要25%的差异，而0.1毫尼特就需要60%的差异了。到了最极限的情况，就是一个全黑的物体和一个30微尼特的物体，人眼刚刚能够分辨，因此，这30微尼特也就成为人眼绝对灵敏度的一种表示方法。

视觉并非一瞬间的事情，为了清楚地看见物体，需要一定的时间。与相机一样，如果曝光时间不够，则视力下降。一般来讲，物体越亮，曝光时间越短。亮度为5尼特的物体，至少需要1/10秒才能达到1.0的视力，曝光1/25秒只能达到一半的视力，而1/50的曝光视力只有0.1。对于暗物体，一般需要成反比地加大曝光时间才能够分辨出来。

人们都有过从亮处突然进入暗处而看不到任何东西的经历（例如，电影已经开演后才进入电影院内）。这说明，人眼需要一定时间的适应后才能看清暗物体，称为暗适应。人眼的暗适应分三种，一个是瞳孔放大，是个相对比较的反映。从2mm放大到5mm很快，但进一步放大需要长一点的时间；第二是视锥细胞的适应，中等速度，需要在5min的时间才能达到大约0.1尼特的感觉下限。最后是视杆细胞的适应，速度最慢，需要长达25min才能达到或接近30微尼特的感觉下限。

从暗处到亮处的适应称为明适应。尽管人眼感觉不舒服，但会在很快的时间（1min之内）恢复原来的不灵敏状态。但是，经过长期（几天）不见光的环境后，人眼高度灵敏，直接突然暴露在强光下会造成永久性伤害。

由于人眼对色彩的感觉要依赖于三种分别感知蓝、绿、红色光的视锥细胞，而视锥细胞的灵敏度比较低，因此会造成人眼在低亮度物体下失去颜色感觉的先天缺陷。在1尼特以上，人眼可以容易地辨认颜色，而亮度下降到0.1尼特时，已经接近视锥细胞的最低灵敏度，开始对亮度失去感觉，下降到0.01尼特时，主要是对颜色没有感觉的单色杆状细胞在起感觉作用，就基本上没有颜色感觉了。因此，人们看到的天空中的星云，都是没有颜色的。

人的眼睛能够适应的最高亮度大约为3000尼特。这个数值与白天天空的亮度以及阳光下比较深色物体的亮度（如土地、植物）是相符合的，也是人类在地球上生存所必须的。超过这个亮度，人眼就无所适从，长时间暴露在高亮度的环境下会对眼睛造成伤害。例如，登山运动员在有雪的高山上一定要带上深色眼镜，否则高海拔太阳本来就非常强烈，再加上白雪的反射，会使人很快患上雪盲。本来地球地面的反光是比较弱的，无论是原始的黑土地，还是绿色植物，但现在在城市里的很多人造物体往往违反这个规律，例如大面积浅色的地砖、明亮的建筑物玻璃幕墙。因此，夏天长时间户外活动也应准备一副墨镜，以便保护自己的眼睛，不受强光的刺激，以便在夜晚观测时保持高度的灵敏。

（3）人眼的误区

人眼的光学系统其实很简单，并非理想系统，主要表现在以下几个方面：人眼是有色差的。之所以很难辨别出色差，是因为人眼焦距小，因此色差相对小；人眼相对光圈小，尤其是高亮度的情况下，因此色差难以观察出来；人眼最主要的感觉区域——黄斑直径相对很小，只利用像的中心一小部分。而边缘即便有色差，人眼的分辨能力也不够，因此感觉不出来；大脑对色差有补偿作用。其实，从人眼的简单结构就可以看出，色差是不可避免的。人眼在进行手术后，仍然可以保证没有色差，并非自调节作用很强，而是主要是因为人眼的结构造成原本对色差就不敏感。另外还有调焦范围不够造成误区，比如近视、远视。最后还有光学质量有问题（主要指散光）。

（4）光度量

光源在单位时间内，向周围空间辐射出使人眼产生感觉的能量，称为光通量。用符号Φ_V表示，实用单位为流明（lm），简称流。绝对黑体在铂的凝固温度下，从$5.305\times10^3cm^2$面积上辐射出来的光通量为1lm。为表明光强和光通量的关系，发光强度为1坎德拉的点光源在单位立体角（1球面度）内发出的光通量为1流明。一只40W的日光灯输出的光通量大约是2100流明。单位电功率所发出的光通量（lm/W），称为发光效率。

流明是“光学亮度”的科学术语，是指一个物体的视觉亮度。在外行人的术语中，它通常指的是“亮度”。亮度是用每平方米的烛光亮度（cd/m^2）来表示，即1cd的光在1m以外所显现出的亮度。

光源所发出的光能是向所有方向辐射的，对于在单位时间里通过某一面积的光能，称为通过这一面积的辐射能通量。

各色光的频率不同，眼睛对各色光的敏感度也有所不同，即使各色光的辐射能通量相等，在视觉上并不能产生相同的明亮程度，在各色光中，黄、绿色光能激起最大的明亮感觉。如果用绿色光作水准，令它的光通量等于辐射能通量，则对其他色光来说，激起明亮感觉的本领比绿色光小，光通量也小于辐射能通量。

发光强度与光亮度。光源在某一特定方向上单位立体角内辐射的光通量，称为光源在该方向上的发光强度，简称光强，用符号 I 表示，单位为坎德拉（cd），简称坎。

坎得拉是国际单位制的基本单位（旧称“烛光”，俗称“支光”）。1cd＝1（lm）/1（sr）。L_{cd} 是指光源在指定方向的单位立体角内发出的光通量。

光源辐射是均匀时，则光强为 $I=F/\Omega$，Ω 为立体角，单位为球面度（sr），F 为光通量，单位是流明，对于点光源有 $I=F/4$。

光亮度表示发光面明亮程度，指发光表面在指定方向的发光强度与垂直且指定方向的发光面的面积之比，单位是 cd/m^2。

对于一个漫散射面，尽管各个方向的光强和光通量不同，但各个方向的亮度都是相等的。电视机的荧光屏就是近似于这样的漫散射面，所以从各个方向上观看图像，都有相同的亮度感。常见物体的亮度见表 4-1。

表 4-1　常见物体的亮度

光源名称	亮度/(cd/m^2)	光源名称	亮度/(cd/m^2)
地球上看到的太阳	1.5×10^9	钨丝白炽灯	$(0.5\sim1.5)\times10^7$
地球大气层外看到的太阳	1.9×10^9	乙炔焰	8×10^4
普通碳弧的喷头口	1.5×10^8	太阳照射下的洁净雪面	3×10^4
超高压球状水银灯	1.2×10^9	距太阳75°角的晴朗天空	0.15×10^4

光照度与勒克斯。光照度可用照度计直接测量。光照度的单位是勒克斯（lx）。被光均匀照射的物体，在 1 平方米面积上得到的光通量是 1 流明时，它的照度是 1 勒克斯。

有时为了充分利用光源，常在光源上附加一个反射装置，使得某些方向能够得到比较多的光通量，以增加这一被照面上的照度。例如汽车前灯、手电筒、摄影灯等。表 4-2 为自然光的照度在不同光线情况。

表 4-2　自然光的照度在不同光线情况

光线环境	光照度/lx	光线环境	光照度/lx
晴天阳光直射地面	100000	月光(满月)	2500
晴天背阴处	10000	日光灯	5000
晴天室内北窗附近	2000	电视机荧光屏	100
晴天室内中央	200	阅读书刊时所需	50～60
晴天室内角落	20	在 40W 白炽灯下 1m 远处	30
阴天室外	50～500	晴朗月夜	0.2
阴天室内	5～50	黑夜	0.001

光度量的其他单位如表 4-3 所示。

表 4-3　基本光度量的名称、符号和定义方程

名称	符号	定义方程	单位
光量	Q	$Q=d\Phi\times dt$	流明・秒 流明・时
光通量	Φ	$\Phi=dQ/dt$	流明
发光强度	I	$I=dQ/d\Omega$	坎德拉

续表

名称	符号	定义方程	单位
(光)亮度	L	$L=\mathrm{d}^2\Phi/\mathrm{d}\Omega\mathrm{d}A\cos\theta$ $=\mathrm{d}I/\mathrm{d}A\cos\theta$	坎德拉/米^2
光出射度	M	$M=\mathrm{d}\Phi/\mathrm{d}A$	流明/米^2
(光)照度	E	$E=\mathrm{d}\Phi/\mathrm{d}A$	勒克斯(流明/米^2)
光视效能	K	$K=\Phi_v/\Phi_e$	流明/瓦(特)
光视效率	V	$V=K/K_m$(K_m 为最大光谱光视效能)	—

4.2.4 光环境的测量仪器

(1) 照度计

光环境测量常用的物理测光仪器是光电照度计。最简单的照度计由硒光电池和微电流计构成。硒光电池是把光能转换成电能的光电元件。光生电动势的大小与光电池受光表面光照度有一定的比例关系。如果接通上外电路，就会有电流通过，以微安表指示出来。光电流的大小取决于入射光的强弱和回路中的电阻，如图 4-2 所示。

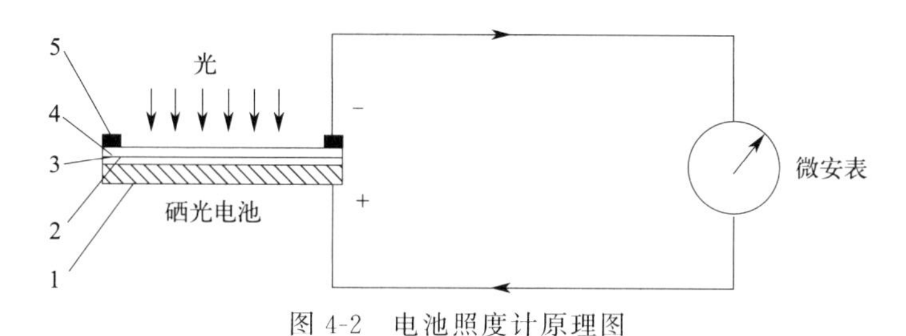

图 4-2 电池照度计原理图

1—金属底板；2—硒层；3—分界面；4—金属薄膜；5—集电环

(2) 亮度计

测量光环境亮度或光源亮度用的亮度计有两类，一类是遮筒式亮度计，测量面积较大、亮度较高的目标，其构造原理如图 4-3 所示。当被测目标较小或距离较远时，要采用另一类透镜式亮度计来测量其亮度。这类亮度计通常设有目视系统便于测量人员瞄准被测目标。

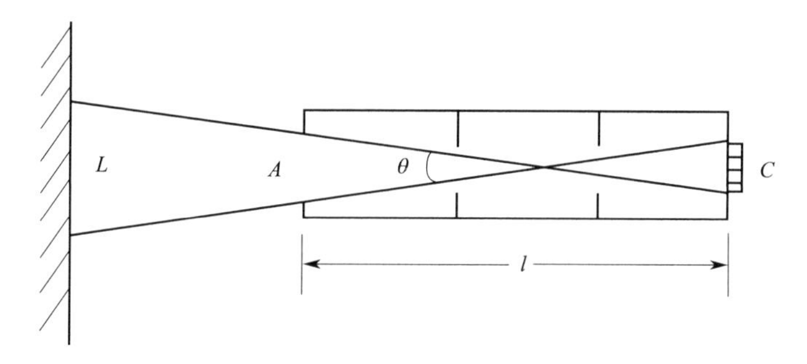

图 4-3 遮筒式亮度计构造原理图

4.2.5 光环境质量评价

对于光环境的好坏，不同年龄不同性别的人感觉是不同的，普通用户提的意见没有具体标准。为了建立光环境的客观指标，世界各国都有一定的照明规范、照明标准或照明设计指南与评价方法。

（1）照度标准

一般不采用初始照度来设计标准，而是采取使用照度或维持照度来制定标准。国际照明委员会（CIE）对不同作业和活动推荐的照度见表4-4。

表 4-4　CIE 对不同作业和活动推荐的照度

照度范围/lx	作业或活动的类型
20～50	室外入口区域
50～100	交通区，简单地判别方位或短暂逗留
100～200	非连续工作用的房间，例如工业生产监视、贮藏间、衣帽间、门厅
200～500	有简单视觉要求的作业，如粗加工、讲堂
300～750	有中等视觉要求的作业，如普通机加工、办公室、控制室
500～1000	有较高视觉要求的作业，如缝纫、检验和试验、绘图室
750～1500	难度很高的视觉作业，如精密加工和装配，颜色辨别
1000～2000	有特殊视角要求的作业，如手工随刻、很精细的工件检验
＞2000	极精细的视觉作业，如微电子装配外科手术

我国对一般生产车间和作业场所工作面上的照度标准值见表4-5。

表 4-5　一般生产车间和作业场所工作面上的照度标准值

车间和作业场所		视觉作业视角等级	照度范围								
			混合照明			混合照明中的一般照明			一般照明		
钣金车间		Ⅴ	—	—	—	—	—	—	50	75	100
冲压剪切车间		Ⅳ乙	200	300	500	30	50	75	—	—	—
锻工车间		Ⅹ	—	—	—	—	—	—	30	50	75
热处理车间		Ⅵ	—	—	—	—	—	—	30	50	75
铸工车间	融化、浇铸	Ⅹ	—	—	—	—	—	—	30	50	75
	型砂处理、清理、落砂	Ⅵ	—	—	—	—	—	—	20	30	50
	手工锻造*	Ⅲ乙	300	500	750	30	50	75	—	—	—
	机器造型	Ⅵ	—	—	—	—	—	—	30	50	75
木工车间	机床区	Ⅲ乙	300	500	750	30	50	75	—	—	—
	锯木区	Ⅴ	—	—	—	—	—	—	50	75	100
	木模区	Ⅳ甲	300	500	750	50	75	100	—	—	—
金属机械加工车间	粗加工	Ⅲ乙	300	500	750	30	50	75	—	—	—
	精加工	Ⅱ乙	500	750	1000	50	75	100	—	—	—
	精密	Ⅰ乙	1000	1500	2000	100	150	200	—	—	—
机电配装车间	大件配装	Ⅴ	—	—	—	—	—	—	50	75	100
	小件配装、试车台	Ⅱ乙	500	750	1000	75	100	150	—	—	—
	精密配装	Ⅰ乙	1000	1500	2000	100	150	200	—	—	—
焊接车间	手动焊接、切割、接触焊、电渣焊	Ⅴ	—	—	—	—	—	—	50	75	100
	自动焊接、一般划线*	Ⅳ乙	—	—	—	—	—	—	75	100	150
	精密划线*	Ⅱ甲	750	1000	1500	75	100	150	—	—	—
	备料（如有冲压剪切设备则参展冲压剪切车间）	Ⅵ	—	—	—	—	—	—	30	50	75

续表

车间和作业场所		视觉作业视角等级	照度范围								
			混合照明			混合照明中的一般照明			一般照明		
表面处理车间	电镀槽间、喷漆间	Ⅴ	—	—	—	—	—	—	50	75	100
	酸洗间、喷砂间	Ⅵ	—	—	—	—	—	—	30	50	75
	抛光间	Ⅲ甲	500	750	1000	50	75	100	150	200	300
	电泳涂漆间	Ⅴ	—	—	—	—	—	—	50	75	100
电修车间	一般	Ⅳ甲	300	500	750	30	50	75	—	—	—
	精密	Ⅲ甲	500	750	1000	50	75	100	—	—	—
	拆卸、清洗场地*	Ⅵ	—	—	—	—	—	—	30	50	75
实验室	理化室	Ⅲ乙	—	—	—	—	—	—	100	150	200
	计量室	Ⅵ	—	—	—	—	—	—	150	200	300
动力站房	压缩机房	Ⅶ	—	—	—	—	—	—	30	50	75
	泵房、风机房、乙炔发生站	Ⅶ	—	—	—	—	—	—	20	30	50
	锅炉房、煤气站的操作层	Ⅶ	—	—	—	—	—	—	20	30	50
配变电所	变压器室、高压电容器室	Ⅶ	—	—	—	—	—	—	20	30	50
	高低压配电室、低压电容器室	Ⅵ	—	—	—	—	—	—	30	50	75
	值班室	Ⅳ乙	—	—	—	—	—	—	75	100	150
	电缆间(夹层)	Ⅷ	—	—	—	—					

注：1. 冲压车间、铸车间手工造型工段、炉房及煤部操作层为了安全起见，照度应选最高值。

2. 加“*”者，表示被照面的计算高度为零。

(2) 照度均匀度

表示给定平面上照度变化的量。照度均匀度表示方法有最小与平均照度之比和最小与最大照度之比。

(3) 空间照度

在大多数场合，如公共场所、居室生活，照明效果往往用人的容貌是否清晰、自然来评价。这时，垂直面上的照度比水平面更加重要。有两个表示空间照明水平的物理指标：平均球面照度与平均柱面照度。

平均球面照度是指位于空间某点的一个假想小球表面上的平均照度，表示该点受照量与入射光的方向无关，因此也被称作标量照度。平均柱面照度是指位于该点小圆柱侧面上的平均照度，圆柱侧面与水平面垂直，并且不计两端面照度。

(4) 舒适亮度比

人的视野很广，除工作对象外，周围环境能同时进入眼睛，它们的亮度水平、亮度对比对视觉有重要影响，房间主要表面的平均亮度形成房间明亮程度的总印象，亮度分布使人产生对室内的空间形象感受。为了舒适地观察，要突出工作对象的亮度，即主要表面亮度应合理分布，但是构成周围环境亮度与中心视野亮度相差过大会加重眼睛瞬时适应的负担，或产生眩光，降低视觉能力。

(5) 光色对环境的影响

光源色表的选择取决于光环境所要形成的气氛。不同的光色可以给人不同的感觉。不同人对同一光色的喜好也是不相同的。表 4-6 列出了每一类显色性能的使用范围。其中，显色指数（Ra）是反映各种颜色的光波能量是否均匀的指标。

表 4-6 灯的显色类别

显色类别	显色指数范围	色表	应用示例	
			优先原则	允许采用
ⅠA	$Ra\geqslant 90$	暖	颜色匹配	
		中间	临床检验	
		冷	绘画美术馆	
ⅠB	$80\leqslant Ra\leqslant 90$	暖	家庭、旅馆	
		中间	餐馆、商店、办公室、学校、医院	
		中间	印刷、油漆和纺织工业	
		冷		
Ⅱ	$60\leqslant Ra\leqslant 80$	暖		
		中间	工业建筑	办公室、学校
		冷		
Ⅲ	$40\leqslant Ra\leqslant 60$		显色要求最低的工业	工业建筑
Ⅳ	$20\leqslant Ra\leqslant 40$			显色要求最低的工业

4.2.6 环境光污染的控制

（1）环境中的眩光

由于视野中亮度分布或亮度范围不适宜，或存在极端的对比，引起不舒适感觉或降低观察细部或目标的能力的视觉现象，称为眩光。眩光污染是指各种光源（包括自然光和人工直接照射或反射、透射而形成的新光源）的亮度过量或不恰当地进入人的眼睛，对人的心理、生理和生活环境造成不良影响的现象。

眩光污染的定义有两层意思：第一层意思是从物理量来讲的，各种光源对眼睛的刺激是过量的，当光源大于 16sb（$1\text{sb}=10000\text{cd/m}^2$）时，会产生刺眼的眩光，任何情况下去看这一光亮的光源都会对眼睛造成伤害；第二层意思是从心理学来讲的，一切令人烦恼的光、不适当进入人的眼睛的光都可以认为是眩光污染，而且这里还含有光必须进入人的眼睛才形成眩光污染的意思。闭上双眼，什么光污染都不存在了。

根据眩光污染对人的心理和生理的影响程度将其分为两类——不舒适眩光和失能眩光。

不舒适眩光是指在视野内使人眼睛感觉不舒适的眩光，但并不一定降低视觉对象的可见度。这种眩光也称为心理眩光。若视野内光源很大、很亮，背景又很暗，而且光源的位置在视线之内，则眼睛会感到不舒适，这时虽然它不一定妨碍观看，但在长时间作用下，可能在心理上造成不舒适的感觉。眩光对于心理的这种影响作用，视个体差异而程度不同。

不舒适的感觉是因为当眩光使眼睛受到过亮的光刺激，在视网膜上呈现出一种感电状态。在建筑环境中存在着反射眩光，就容易形成不舒适眩光，直接眩光也会形成不舒适的眩光。不舒适眩光是比失能眩光更难解决的实际问题，因为在进行光环境设计时，不舒适眩光出现的概率要比失能眩光大。比如，室内装修或家具材料本身是光亮的表面，以致形成镜面反射；外墙窗或灯具过亮；灯具设计不良，没有足够的遮光角；过亮的大面积光源等。如果在弱光源的情况下长时间持续注视光源，会感到不舒适；如果在强光源的情况下，光源的高度很高，眩光效应也很强。所以为了避免不舒适，要减少亮度暴露的时间。很多情况都可以产生不舒适眩光，因此，光环境设计时应该随时注意采取限制或防止不舒适眩光的措施。

失能眩光就是在视野内使人们的视觉功能有所降低的眩光。这是一种会降低视觉对象的可见度，但并不一定产生不舒适感觉的眩光。失能眩光对人眼睛的影响主要是降低可见度，眼睛的适应能力、眩光光源的位置、光源亮度等都对可见度有影响。失能眩光的影响还与人的年龄、健康情况、个体差别等有关。

在建筑环境中常会遇到失能眩光。比如视野中有过亮的光、灯光或其他光源时，眼睛必须经过一番努力才会看清楚物体，这正是失能眩光在起作用。直接眩光和反射眩光都可能成为失能眩光。在国外，也有人建议称它为“减视眩光”或“减能眩光”。在出现失能眩光时，光分散在眼睛的视网膜内，使眼睛的视觉受到妨碍。失能眩光是对生理方面起作用的眩光，因此在国外有的国家将它称为“生理眩光”。

这两种眩光效应有时分别出现，但经常同时存在。对室内环境来说，控制不舒适的眩光更为重要。只要将不舒适的眩光控制在允许限度以内，失能眩光也就自然消除了。

眩光污染按形成的机理可分为四类——直接眩光、干扰眩光、反射眩光和对比眩光。

直接眩光由视野中，特别是在靠近视线方向存在的发光体所产生的眩光叫直接眩光污染。也就是说在视线上或视线附近有高亮度的光源。例如有些施工工地夜晚用投光灯照射，由于灯的位置较低，光投射得较平，对迎面过来的人就产生眩光很容易出事故。在建筑环境中生活或工作时，直接眩光污染严重地妨碍了视觉功能，在进行光环境设计时要尽量限制或防止直接眩光。在建筑环境中常遇到大玻璃窗、发光顶棚等大面积光源，或小窗、小型灯具等小面积光源。当这些光源过亮时就会成为直接眩光的光源。一般将产生眩光的光源称为眩光光源。

高亮度的眩光易引起人们的不舒适，主要是由人们的心理状态和光环境所决定的。客观因素是环境方面，光源的亮度、大小和其在视野中的位置以及环境亮度等。主观因素是指人们的心理状态，是人们对于这种视觉条件的反应和情绪。眩光会对人们的情绪造成很大的影响，如果人的眼睛接触到不舒适的眩光，就会感到刺激和压迫，长时间在这种条件下工作，会产生厌烦、急躁不安等情绪。失去舒适的气氛，人们的精神状态就发生了变化，会对工作和生活造成不利的影响。

干扰眩光又称为间接眩光，是当不在观看物体的方向存在着发光体时，由该发光体引起的眩光。当人眼的晶状体将物体聚焦在视网膜上时，从眩光源发出的干扰光线也射入眼球，尽管大部分能量是按照入射方向正确地对眩光进行成像，但不可避免地会在眼球内引起散射。这部分光经散射后分布在视网膜上，就像在视场内蒙上了一层不均匀的光幕，这部分能量的比例可能不大，但如果眩光在眼睛表面形成的照度比目标物体要大得多，那么这种影响还是相当大的。

与直接眩光不同的是，干扰眩光不在观察物体的方向出现，它对视觉的影响不像直接眩光那样严重。

杂散光是由于光投射到视网膜中心窝以外的区域，经过眼球的扩散笼罩在视网膜物象上形成上。杂散光使物象模糊不清，因而降低了作业可见度。杂散光也是干扰眩光的一种，来源于建筑物的玻璃幕墙、光面的建筑装饰（高级光面瓷砖、光面涂料）表面等。由于这些物质的光反射比较高（一般在为0.7～0.9），比一般深色建筑表面和粗糙表面的光反射比高10

倍，当阳光照射在这些表面上时，就会被反射过来，对人眼产生刺激。杂散光也可来源于夜间通过直射或者反射进入住户内的照明灯光。其光强可能超过人体夜晚休息时能承受的范围，从而影响人的睡眠质量，导致神经失调引起头昏目眩、困倦乏力、精神不集中。有的人点着灯睡觉不舒服就是这个原理。

反射眩光是由视野的反射所引起的眩光，特别是在靠近视线方向看见反射像所产生的眩光。按反射次数和形成眩光的机理，反射眩光可分为一次反射眩光、二次反射眩光和光幕反射。

一次反射光是指较强的光线投射到被观看的物体上，由于目标物体的表面光滑产生反射而形成的镜面反射现象或漫射镜面反射现象。例如，将一个镜子挂在窗户的对面的墙上，当阳光从窗户射入时人们观察镜框内的东西就会产生光斑，这种光斑实际上是侧窗的像。

二次反射光是当人体本身或室内其他物件的亮度高于被观看物体的表面亮度，而它们的反射形象又刚好进入人体视线内，这时人眼就会在画面上看到本人或物件的反射形象，从而无法看清目标物体。例如，当站在一个玻璃陈列柜想看清陈列品时看见的反而是自己，这种想象就是二次反射眩光。

光幕反射是视觉对象的镜面反射，它使视觉对象的对比降低，以致部分或全部难以看清物体细部。光幕反射是指在光环境中由于减少了亮度对比，以致本来呈现扩散反射的表面上，又附加了定向反射，于是遮蔽了要观看的物体的一部分或整个部分。光幕反射也称“光帷眩光”。

等效光幕亮度理论提出，失能眩光可用眼睛内的散光引起的等效光幕亮度来表示。这种等效光幕亮度在视网膜上和对象的“像”一起被重叠起来，减少了对象和背景的亮度对比，以致造成失能眩光效应。眼睛在有失能眩光的环境中进行视觉工作时，在视野内会产生光幕。光幕是由眩光光源发射的光在眼睛里发生散乱而掩盖视网膜的映像。例如，当光照照射在用光滑的纸打印的文件表面且大部分的光反射到观看者的眼睛内时，如果文章的字是黑亮的，而且也反射到观看者的眼睛内，就会出现光幕反射，使观看者看不清文字。

光环境中存在着过大的亮度对比就会形成对比眩光。对比眩光让人们感到不舒适的原因不仅是光刺激方面，环境亮度也起很大的作用。环境亮度与光源亮度之差越大，亮度对比就越大，对比眩光就越容易形成。因此，在视野中亮度不均匀，就会感到不舒适。环境亮度变暗或变亮，都会引起眼睛的适应性问题和相应的心理问题。

亮度对比就是视野中目标和背景的亮度差。比如，一个亮着的街灯，白天行人不会注意到它的存在；而夜晚，行人就感觉街灯很刺眼。因为夜色的背景亮度很低，而街灯就显得很亮，形成了强烈的对比眩光。

（2）消除眩光的措施

① 直接眩光消除的措施。直接眩光就是光源直接将光投入眼帘引起的眩光，例如灯的位置太低时，过往汽车的驾驶员就会感到刺目的眩光，而造成交通事故。为避免这种眩光，可提高光源位置。目前广场、码头上用的高杆灯就是这个目的。某些场合无法将光源提高时，可以用灯罩限制光线投射的角度。当视线与光源的位置小于保护角（14°）时，光线被挡住，消除了视线方向角度小的眩光，从而降低了总的眩光。另一种方法是灯泡外面加上乳白灯罩等以降低光源亮度。为了降低眩光，照明方式可采用暗灯槽、光檐、满天星式下射灯、格栅式发光顶棚等，灯具侧面可做成亮面或暗面。如果侧面是暗面，灯具的眩光受观察方向限制较小；如果灯具侧面是亮面，则横向看有较大的眩光。

② 反射眩光消除的措施。当强光投射在观看的目标物上，而且目标物像镜面一样将此强光射入眼中，当光源像的亮度超过目标物的亮度时，则所要观看的物体被亮光淹没无法看清。可通过改变反射面的角度或眩光光源的位置消除反射眩光。当人们在观看放在玻璃框里的陈列品时，往往看见的是自己的影子，这就是二次反射现象。消除这种眩光的方法是，降低观看者所在位置的照度，提高陈列品的照度，改变柜窗玻璃的位置、形状、倾角。

（3）防治光污染的措施

光污染的防治应以防为主，防治结合。在开始规划和建设城市建筑及夜景照明时就应考虑防止光污染问题，从源头防治光污染。有关城建、环保和夜景照明建设管理部门要建立相应制度，制订相应的管理和监控办法，做好光污染审查、鉴定和验收工作。照明工程竣工后要严格管理，避免造成过亮、过暗或光线泄漏现象。同时，要限制在建筑物外部装修使用玻璃幕墙或用釉面砖和马赛克装饰外墙，规定建筑外墙要使用环保材料。粉刷室内墙壁时，尽量以一些柔和的浅色，如米黄、浅蓝等代替刺眼的白色。防止路灯灯光射入居民室内、干扰人们休息的方法是合理设计灯具的配光、安装位置和投光角度，必要时要在灯具上安装遮光板。严格按建筑或构筑物的国际和国家的照明标准设计照明。根据不同建筑的功能、特征、立面的饰面材料合理选用照明方法，如高大的现代化建筑、玻璃幕墙建筑、饰面材料反射比低于 20％的建筑，居民楼及钢架式塔或桥构筑物不应使用一般泛光照明。统一规划商业街彩灯及灯光广告，以防止光和视觉污染。利用挡光、遮光板，或利用减光方法将投光灯产生的溢散光和干扰光降到最低的限度。严格按广告照明的亮度标准设计用灯功率和数量。投光灯应安装在广告牌的上方，由上向下照射，而且灯具应有防溢散光措施。应少用或不用探照灯、激光灯、空中玫瑰灯等光污染严重的灯光。

防治光污染的措施归纳为以下几点：①加强城市规划和管理，改善工厂照明条件等，以减少光污染的来源；②对有红外线和紫外线污染的场所采取必要的安全防护措施；③采用个人防护措施，主要是戴防护眼镜和防护面罩。光污染的防护镜有反射型防护镜、吸收型防护镜、反射-吸收型防护镜、爆炸型防护镜、光化学反应型防护镜、光电型防护镜、变色微晶玻璃型防护镜等类型。

光污染虽未被列入环境防治范畴，但它的危害显而易见，并在日益加重和蔓延。因此，人们在生活中应注意，防止各种光污染对健康的危害，避免过长时间接触污染。

（4）绿色照明

绿色照明涵盖两个方面：第一必须有一个优质的光源，即发光体发射出来的光对人的视觉是无害的；第二必须有先进的照明技术，确保最终的照明对人眼无害。两者同时兼备，才是真正的绿色照明。优质光源——绿色照明的基础，具体体现在以下四点：

① 光源发出的光为全色光。所谓全色光，即光谱连续分布在人眼可见范围内，视觉不易疲劳。

② 灯光光谱成分中应没有紫外光和红外光。因为长期过多接受紫外线，不仅容易引起角膜炎，还会对晶状体、视网膜、脉络膜等造成伤害。红外线极易被水吸收，过多的红外线经过人眼晶状体聚集时即被大量吸收，久而久之晶状体会发生变性，导致白内障。

③ 光的色温应贴近自然光。色温是用温度表示光的颜色的一种量化指标，因为人长期在自然光下生活，人眼对自然光适应性强，视觉效果好。试验证明，自然光条件下的视觉对比灵敏度高于人工光 5％～20％。

④ 灯光为无频闪光。频闪光是发光时出现一定频率的亮暗交替变化。普通日光灯的供电

频率为50Hz，表示发光时每秒亮暗100次，属于低频率的频闪光，会使人眼的调节器官，如睫状肌、瞳孔括约肌等处于紧张的调节状态，导致视觉疲劳，从而加速青少年近视。如果发光时的供电频率提高到数百赫兹以上，或直流供电，人眼既不会有频闪感觉，也不会造成视力伤害，这种光称为无频闪光。

必须同时具备以上四方面要求的光，才算是优质光源。目前，市场上众多灯光源均存在不同程度的不足。如白炽灯，因红外光谱超过发光总光谱60%，全色光平衡不理想，色温较低，既造成电能的大量浪费，对人眼也不利。普通日光灯因紫外光成分较多，又属于低频率的频闪光，故光源质量不甚理想。目前市场上较多的电子整流的节能荧光灯，有一部分光源为无频闪光，又为全色光，色温也较接近自然光，不足之处是有紫外光。

照明技术——绿色照明的后盾。要让绿色照明到位，首先要有好的光源质量，再匹配优质的照明技术，两者缺一不可。照明技术的好坏体现在以下四个方面：

① 眩光小。凡是感到刺眼的光就是眩光，极易使眼睛发生调节痉挛，严重时可损伤视网膜，导致失明。优质的照明技术必须在灯具上装有消去直射和反射眩光的特殊技术措施，尽量将光源作漫射处理，同时使光能损失最小，成为人们常说的十分“柔和”的光进入人的视野。

② 照度高。所谓照度，即发光体发出的光能在台面上反映出的高度。无眩光条件下的适当高照度，可使眼睛在观察物体时感到轻松。

③ 照度分布均匀。自然光的照度分布最好，在人的视觉观察范围内，从中心至边缘，均匀度为100%，因而不仅视觉效果好，而且长时间观察不易疲劳。当人工光的照度分布均匀性达到60%以上时，对人眼适应性及视觉效果影响不大；当其均匀性小于50%时，人眼的视觉效果和视觉疲劳会明显变差和加重。

④ 观察功能强。照明的目的在于观察，给观察提供深层次的方便，如用特殊的技术，在台灯的合适位置上装一个优良的光学放大镜，既可使眼睛看东西轻松，又能观察肉眼看不清的东西。

在信息时代，视觉的健康很重要。要保护好眼睛，不仅应重视视觉卫生，也不能忽视用灯科学。目前，眼疾的发生率呈不断上升趋势，如视力下降、近视眼、白内障等，还有“老花眼”“青光眼”提前发生，除极少数是由于遗传因素的作用外，大多是视觉卫生与视觉光学等因素综合影响的结果。

鉴于这种情况，有关专家经过长期努力，不断技术创新，首先在与人眼距离最近、用光时间最多的台灯上，研制出国内第一代名副其实的绿色照明台灯。经检测认定，这类台灯各项绿色照明指标均达到国际先进水平，灯光谱为全色光，并消除了紫外光和红外光，色温接近自然光，无频闪发光。灯光的直射和反射眩光处理达到了最小，照度高，照度均匀性达80%，同时具备节能、长寿、使用方便、无噪声等一系列优点。

随堂感悟（思政元素）

光与影，光象征着光明、正义，影象征着黑暗和邪恶。其实当事物发展到了一个极端，哪怕是象征光明和正义的光，依然会带来消极影响。对待事物的发展要学会辩证地去分析，中国哲学的中庸之道往往是最合适的道路。

自学评测/课后实训

完成一次环境光污染的监测。

任务4.3　监测环境低频振动

任务引入

公司员工吴工有多年的环境低频振动监测经验，公司拟派吴工为项目负责人，要求吴工近期对项目组成员开展环境低频振动监测的基础知识和技能的培训，然后对项目内的特定区域的低频振动进行监测。

知识目标	能力目标	素质目标
1. 认识环境低频振动。 2. 认识环境低频振动的危害。	1. 了解环境低频振动的监测方法。 2. 了解环境低频振动的评价。 3. 了解环境低频振动污染的控制方法。	1. 树立正确的科学辩证思维。 2. 树立正确的价值观。 3. 认识到生态文明建设的重要性。

4.3.1　低频振动的来源

环境中存在着各种各样的振动现象。振动频率在20～20000Hz时属于人类听觉系统感知范围称为声波，低频振动污染是人类听觉所感知不到的20Hz以下的振动波或低频声波在固体介质中传播时对环境的危害。如机场、地铁等附近的建筑或多或少都会收到低频振动的危害。

4.3.2　低频振动的危害

除了损伤听力外低频振动的危害和噪声其他危害类似，因为两者都是振动，只是频率不一样。低频振动最大的危害在于会引起人体内部器官的振动或共振，从而导致疾病的发生，对人体造成危害，严重时会影响人们的生命安全，因此振动污染是一种不可忽略的公害。振动以弹性波的形式在基础、地板、墙壁中传播，并在传播过程中向外辐射噪声，这称为固体声，也是一种噪声污染，会造成危害。

4.3.3　振动与振动级

描述振动的物理量有：频率、位移、速度和加速度。无论振动的方式多么复杂，通过傅氏变换总可以离散成若干个简谐振动的形式，因此只分析简谐振动的情况。简谐振动的位移表达式为式(4-3)，则简谐振动的速度 v 可表示为式(4-4)，简谐振动的加速度 a 可表示为式(4-5)：

$$x = A\cos(\omega t - \phi) \tag{4-3}$$

$$v = \frac{dx}{dt} = \omega A\cos\left(\omega t - \phi + \frac{\pi}{2}\right) \tag{4-4}$$

$$a = \frac{dv}{dt} = \omega^2 A\cos(\omega t - \phi + \pi) \tag{4-5}$$

式中，A 为振幅，$\omega = 2f$ 为角频率，t 为时间，ϕ 为初始相位角。速度相位相对于位移提前了 $\pi/2$，加速度相位则提前了 π。加速度的单位为 m/s^2。

人体对振动的感觉是：刚感到振动是0.003g，不愉快感是0.05g，不可容忍感是0.5g。振动有垂直与水平之分，人体对垂直振动比对水平振动更敏感。g为重力加速度，一般为$9.8m/s^2$。

振动加速度级定义为式(4-6)：

$$L_\alpha=10\lg\left(\frac{\alpha}{\alpha_{ref}}\right)^2 \tag{4-6}$$

式中，α为加速度的有效值，对于简谐振动，加速度有效值为加速度最大幅度的$\frac{1}{\sqrt{2}}$倍；α_{ref}为加速度参考值，国外一般取$\alpha_{ref}=1\times10^{-6}m/s^2$，而我国习惯取$\alpha_{ref}=1\times10^{-5}m/s^2$。

人体对振动的感觉与振动频率的高低、振动加速度的大小和在振动环境中暴露时间长短有关，也与振动的方向有关，综合这许多因素，国际标准化组织建议采取如图4-4所示的等感度曲线作为标准。振动级定义为修正的加速度级，用VAL表示，如式(4-7)。

$$VAL=10\lg\left(\frac{\alpha_e}{\alpha_{ref}}\right)^2 \tag{4-7}$$

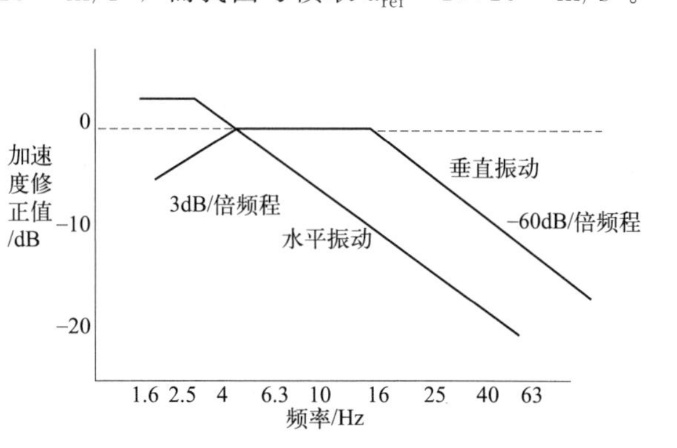

图4-4 等感度曲线

式中，α_e为修正后的加速度有效值，通过式(4-8)计算得到。

$$\alpha_e=\sqrt{\sum\alpha_{fe}^2\cdot10^{\frac{c_f}{\alpha_{fe}}}} \tag{4-8}$$

式中，α_{fe}表示频率为f的振动加速度有效值；c_f为表4-7的修正值。中心频率的知识同项目三中的噪声中心频率的划分一致。

表4-7 根据等感度曲线，对于垂直与水平振动的修正值

中心频率/Hz	1	2	4	8	16	31.5	63
修正值c_f/dB	a_1	a_2	a_3	a_4	a_5	a_6	a_7
垂直方向	−6	−3	0	0	−6	−12	−18
水平方向	3	3	−3	−9	−15	−21	−27

【例4-1】频率为2Hz、8Hz和16Hz的三种频率成分均以加速度为$0.1m/s^2$振动，求其加速度级和振动级。

加速度级：

$$\alpha=\sqrt{\sum\alpha_{fe}^2}=\sqrt{3\times0.1^2}(m/s^2)$$

$$则\ L_\alpha=10\lg\left(\frac{\alpha}{\alpha_{ref}}\right)^2=20\lg\frac{\sqrt{3}}{10^{-4}}=85(dB)$$

垂直振动级：

$$\alpha_e=\sqrt{\sum\alpha_{fe}^2\cdot10^{\frac{c_f}{\alpha_{fe}}}}=\sqrt{0.1^2\times10^{-0.3}+0.1^2\times10^0+0.1^2\times10^{-0.6}}=0.1323(m/s^2)$$

$$VAL=20\lg\frac{\alpha_e}{\alpha_{ref}}=82.4(dB)$$

水平振动级：

$$\alpha_e=\sqrt{\sum \alpha_{fe}^2 \cdot 10^{\frac{c_f}{\alpha_{fe}}}}=\sqrt{0.1^2\times 10^{0.3}+0.1^2\times 10^{-0.9}+0.1^2\times 10^{-1.5}}=0.147(\mathrm{m/s^2})$$

$$\mathrm{VAL}=20\lg\frac{\alpha_e}{\alpha_{ref}}=83.4(\mathrm{dB})$$

4.3.4　振动的监测方法

测量点在建筑物室外0.5m以内振动敏感外，必要时测量点置于建筑物室内地面中央。铅垂向Z振级的测量及评价量的计算方法，按GB 10071《城市区域环境振动测量方法》有关条款的规定执行。

4.3.5　振动的评价标准

振动的评价标准可以用不同的物理量来表示，用得比较多的有加速度级和振动级。评价振动对人体的影响远比评价噪声复杂。振动强弱对人体的影响，大体上有四种情况：

（1）振动的“感觉阈”，人体刚能感觉到振动，对人体无影响；

（2）振动的“不舒服阈”，这时的振动会使人感到不舒服；

（3）振动的“疲劳阈”，它会使人感到疲劳，从而使工作效率降低，实际生活中以该阈为标准，超过者被认为有振动污染；

（4）振动的“危险阈”，此时振动会使人们产生病变。

国际化标准组织（ISO）推荐过一个评价标准，如图4-5所示，它适用于人体受到垂直振动的疲劳界限标准。对于“危险阈”应在此值上加6dB；对于“不舒服阈”则应减去10dB。

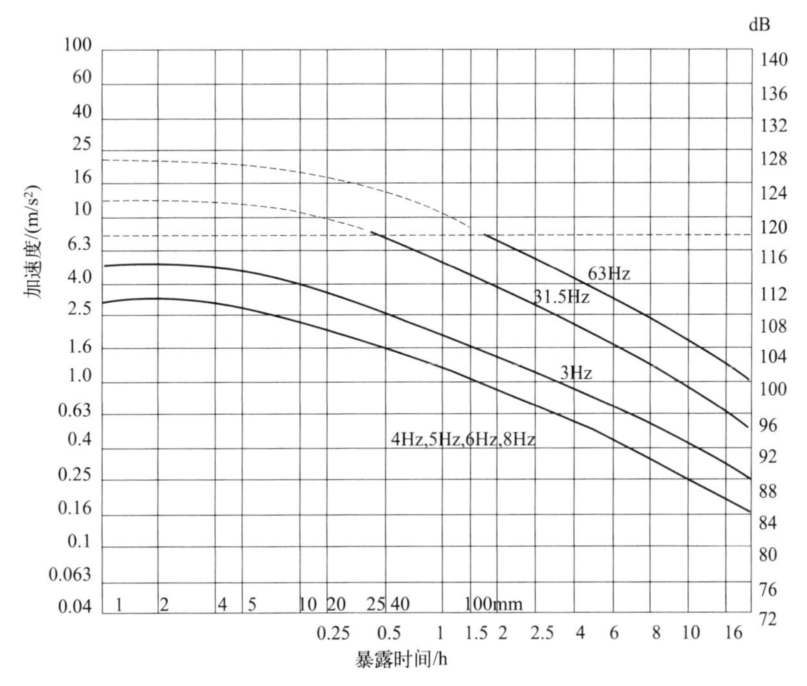

图4-5　垂直方向的振动暴露标准、疲劳和效率衰减的界限（ISO）

振动对人体的影响还与振动在环境中的暴露时间长短有关。国际标准化组织推荐的一个振动暴露标准如图 4-6 所示。

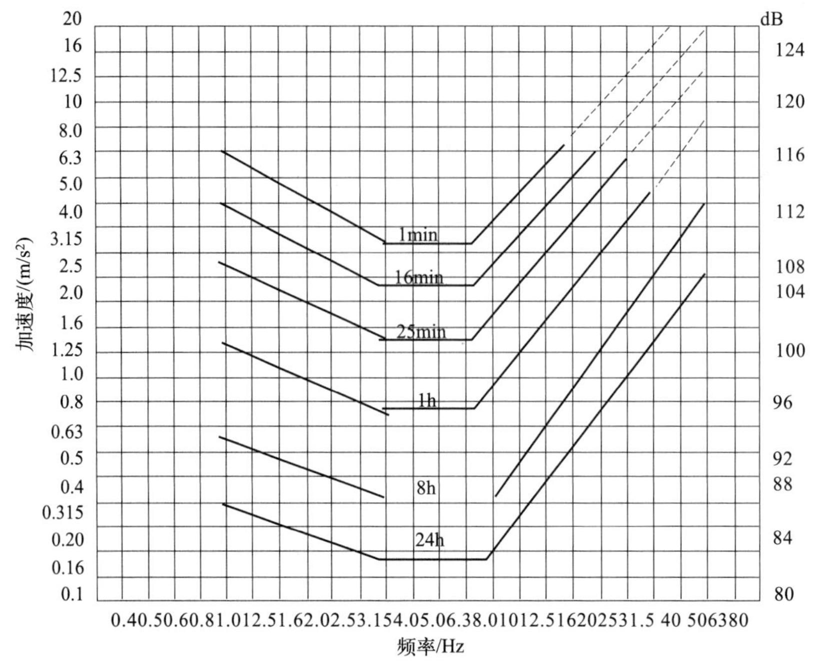

图 4-6 垂直方向的振动暴露标准、暴露时间（ISO）

另外标准对城市各类区域的铅垂向 Z 振级标准值规定见表 4-8。

表 4-8 GB 10070—88 规定的城市各类区域铅垂向 Z 振级标准值 单位：dB

适用地带范围	昼间	夜间	适用地带范围	昼间	夜间
特殊住宅区	65	65	工业集中区	75	72
居民、文教区	70	67	交通干线道路两侧	75	72
混合区、商业中心区	75	72	铁路干线两侧	80	80

注：1. 本标准值适用于连续发生的稳态振动、冲击振动和无规振动。

2. 每日发生几次的冲击振动，其最大值昼间不允许超过标准值 10 dB，夜间不超过 3dB。

3. 适用地带范围的划定：“特殊住宅区”是指特别需要安宁的住宅区。“居民、文教区”是指纯居民区和文教、机关区。“混合区”是指一般商业与居民混合区；工业、商业、少量交通与居民混合区。“商业中心区”是指商业集中的繁华地区。“工业集中区”是指在一个城市或区域内规划明确确定的工业区。“交通干线道路两侧”是指车流量每小时 100 辆以上的道路两侧。“铁中干线两侧”是指距每日车流量不少于 20 列的铁道外轨 30m 外两侧的住宅区。本标准适用的地带范围，由地方人民政府划定。

4. 昼间、夜间的时间由当地人民政府按当地习惯和季节变化划定。

4.3.6 振动的控制过程

振动控制过程与噪声控制类似，但比较复杂。从不同的观点出发，已形成不同的控制分类方法，但受到普遍重视且广泛采用的振动控制方法为对振源进行消振，对传播路径进行隔振，对受控对象进行结构修改或阻振来达到吸振效果。

（1）控制振动源振动（消振）

消除或减弱振源，这是最彻底和最有效的办法。因为受控对象的响应是由振源激励引起的，外因消除或减弱，响应自然也消除或减弱。如改善机器的平衡性能、改变扰动力的作用方向、增加机组的质量、在机器上装设动力吸振器等。

这里要特别强调的是一定要控制共振。共振是振动的一种特殊状态，当振动机械所受扰动力的频率与设备固有频率相一致的时候，就会使设备振动得更加厉害，甚至起到放大作用，这种现象称为共振。

（2）隔振

使振动传输不出去，从而不会造成影响。通常是在振源与受控对象之间串加一个子系统来实现隔振，用以减小受控对象对振源激励的响应，这是一个应用非常广泛的减振技术。

具体说来，可以有以下几种方法实现隔振：

① 采用大型基础隔振设备，这是最常用和最原始的办法；

② 采用防振沟，在机械振动基础的四周开有一定宽度和深度的沟槽，里面填以松软物质（如木屑、沙子等），用来隔离振动的传递；

③ 采用隔振元件，通常在振动设备下安装隔振器，如隔振弹簧、橡胶垫等，使设备和基础之间的刚性连接变成弹性支撑。

（3）吸振（动力吸振）

在受控对象上附加一个子系统使得某一频率的振动得到控制，称为动力吸振，也就是利用吸振力以减小受控对象对振源激励的响应，这种技术应用也十分广泛。另外可以在受控对象上附加阻尼器或阻尼元件，通过消耗能量使响应最小，也常用外加阻尼材料的方法来增大阻尼。阻尼可使沿结构传递的振动能量衰减，还可减弱共振频率附近的振动。阻尼材料是具有内损耗、内摩擦的材料，如沥青、软橡胶以及其他高分子涂料。

（4）修改结构

这是一个高技术手段，目前非常引人注目，实际上是通过修改受控对象的动力学特性参数使振动满足预定的要求，不需要附加任何子系统的振动控制方法。所谓动力学特性参数是指影响受控对象质量、刚度与阻尼特性的那些参数，如惯性元件的质量、转动惯量及其分布等。

除上述之外，也可按是否需要能源将振动控制分为无源振动控制与有源振动控制，前者又称为被动振动控制，后者又称为主动振动控制。

主动振动控制包括开环控制和闭环控制，技术上难度大，目前发展比较迅速。但它的理论与技术已大大超出本课程的范围，这里不予赘述。

随堂感悟（思政元素）

振动的学习原理和噪声十分相似，知识与知识直接是有联系的，要学会把知识建立成一个体现，而不是一个一个孤立的知识点，这样才能提升自我分析事物的逻辑能力，提高自己的自主学习能力。

自学评测/课后实训

找一找振动污染与噪声污染的区别与联系。

附录

附录1 级联辐射引起的符合相加修正

（1）符合相加效应

符合相加效应是指在谱仪分辨时间内，核素发射的级联γ光子或其他与γ光子产生的级联辐射有可能在探测器内同时被探测而记录为一个事件，使实际测量的有关γ射线全能峰面积增加或减少的现象。一般情况下只考虑级联γ辐射或电子俘获和内转换引起的X射线的符合相加效应。

在效率刻度或样品测量中应尽可能设法避免或减少这种效应的影响，例如，样品放射性较强时，可以置于距探测器较远的位置上测量（如15cm以上，大于25cm时，可以认为符合相加效应近似为零）；用刻度源与待分析核素做相对应的比较测量；选择待分析核素受符合相加效应小的γ峰作为特征峰。但有时仍不可避免地要进行这种影响修正。

（2）符合相加修正因子的计算方法

对点源修正，可以用单能γ点源，如^{241}Am、^{109}Cd、^{57}Co、^{203}Hg、^{137}Cs、^{85}Sr、^{113}Sn、^{54}Mn、^{65}Zn和^{88}Y等，在选定的测量位置上测量峰总比R，得到R与能量E的关系曲线。用已知标准点源在相同条件下测量，得到全能峰效率ε和能量E关系曲线。由该两条曲线内插可以求出任意能量的总数率ε_1。知道了ε和ε_1，则可以按照核素的衰变纲图、有关核参数和推导的符合相加修正因子计算公式计算出γ射线的符合相加修正因子F_3，将测量的γ射线的净峰面积乘以F_3便得到真正的峰面积。实验中如果使用的单能γ点源为标准源，则可直接得到效率ε和总效率ε_1曲线，不必求峰总比R曲线。对体源修正，方法类似点源情况。

（3）符合相加修正因子的实验方法

用一套单能γ射线标准溶液制备一套或一个混合γ源，用待确定符合相加修正因子的核素标准溶液制备同样大小和形状的γ源，它们的基质都一样，但可以不同于样品或用于刻度的刻度源的基质。在相同的情况下，分别置于测量样品用的位置上获取γ谱，于是由单能γ源可得到无符合相加效应影响的峰效率与能量关系曲线，由确定符合相加修正的γ源可得到相应γ射线的具有符合相加影响的峰效率ε'。两效率之比为该γ射线的符合相加修正因子F_3，按式(1)计算：

$$F_3=\varepsilon/\varepsilon' \qquad (1)$$

式中　F_3——符合相加修正因子；

ε——由曲线内插得到的相应 γ 能量的效率；

ε'——具有符合相加影响的峰效率。

该方法求效率时要使用到每种核素的活度和有关 γ 射线的发射概率，故确定的 F_3 误差较大，1σ 的不确定度大约为 2%。

式(1) 求得的效率比实际上可分解为两部分之积，一部分是峰面积之比，一部分是 γ 发射率之比，于是可导出式(2) 和具体的实验方法，以减少测量误差。

上述各种源的几何形状、大小和基质都应相同，它们的强度与各对应的点源强度相比值应已知，因此制备待确定符合相加修正系数的核素体源和相应点源时应用同一溶液制备。

在距探测器近距离位置 C 上测量各体源 γ 谱，在远距离探测器的轴线位置 D（符合相加效应可忽略）测量各点源的 γ 谱。

用 C 位置和 D 位置各对应的单能 γ 谱的峰面积 a_C 和 a_D 及相应的发射概率获得效率比值 $\varepsilon_C/\varepsilon_D$ 与 γ 能量 E 关系曲线。用待求符合相加修正的源和点源 γ 谱计算 C 和 D 位置上的时间与强度归一的峰面积比 a'_C/a'_D(实际为 $\varepsilon'_C/\varepsilon'_D$)。

按式(2) 计算 F_3 值，则 F_3 为相应源几何大小、在 C 位置上待求的 γ 射线的符合相加修正系数：

$$F_3=\frac{\varepsilon_C}{\varepsilon_D}/\frac{a'_C}{a'_D} \tag{2}$$

式中　F_3——相应源几何大小、在 C 位置上待求的 γ 射线的符合相加修正系数；

ε_C——在 C 位置上，单能 γ 谱的峰效率；

ε_D——在 D 位置上，单能 γ 谱的峰效率；

a'_C——在 C 位置上，存在符合相加效应的峰面积；

a'_D——在 D 位置上，存在符合相加效应的峰面积。

$\varepsilon_C/\varepsilon_D$ 由效率比值曲线内插值得到。

上述实验步骤消除了活度和 γ 发射概率的误差，F_3 值可以做到 1σ 的不确定度大约为 1%。但使用的各源溶液绝对活度不一定准确知道。

(4) 符合相加修正因子的传递

这是指借助标准实验室或权威实验室实验标准数据的传递使用修正方法。例如，假定只用 ^{152}Eu 标准源进行效率曲线刻度，这时需要的基本条件是具备一个 ^{152}Eu 体源、一个 ^{137}Cs 体源以及一个 ^{152}Eu 点源和一个 ^{137}Cs 点源。体源的几何条件和构成应与标准实验室的一样。具体符合相加修正方法如下：

① 在效率刻度位置 C 处分别获取 ^{152}Eu 和 ^{137}Cs 体源 γ 谱；在可忽略符合相加修正的远距探测器位置 D 处（25cm 处），分别获取 ^{152}Eu 和 ^{137}Cs 点源 γ 谱。这里 C 和 D 位置与标准实验室的位置类似。

② 求出 C 位置 ^{137}Cs 体源和 D 位置 ^{137}Cs 点源的 661.66keVγ 射线的全能峰效率，分别记为 ε_{C2}（661.66）和 ε_{D2}（661.66）。

③ 求出 C 位置 ^{152}Eu 体源和 D 位置 ^{152}Eu 点源各有关 γ 射线的全能峰面积，分别记为 a_{C2}（E_i）和 a_{D2}（E_i）。

④ 用标准实验室在类似 C 和 D 位置上给出 ^{137}Cs 体源和 ^{137}Cs 点源的全能峰效率 ε_{C1}（661.66）和 ε_{D1}（661.66），按式(3) 计算系数 $M_{体}$：

$$M_{体}=\frac{\varepsilon_{C1}(661.66)}{\varepsilon_{D1}(661.66)}/\frac{\varepsilon_{C2}(661.66)}{\varepsilon_{D2}(661.66)} \tag{3}$$

式中　$M_{体}$——计算系数；

ε_{C1}（661.66）——标准实验室在位置 C 上给出的^{137}Cs 体源的全能峰效率；

ε_{D1}（661.66）——标准实验室在位置 D 上给出的^{137}Cs 体源的全能峰效率；

ε_{C2}（661.66）——C 位置^{137}Cs 体源的 661.66keVγ 射线的全能峰效率；

ε_{D2}（661.66）——D 位置^{137}Cs 点源的 661.66keVγ 射线的全能峰效率。

⑤ 用标准实验室在类似 C、D 位置上给出的^{152}Eu 体源和点源相应 γ 射线的全能峰面积比，a_{C1}（E_i）/a_{D1}（E_i），和相应 γ 射线符合相加修正系数 F_{C1}（E_i），按式(4) 计算本实验室在 C 位置的^{152}Eu 体标准源 γ 射线符合相加修正系数 F_{C2}（E_i）：

$$F_{C2}(E_i)=\left[\frac{a_{C1}(E_i)}{a_{D1}(E_i)}/\frac{a_{C2}(E_i)}{a_{D2}(E_i)}\right]M_{体}\ F_{C1}(E_i) \tag{4}$$

式中　F_{C2}（E_i）——在 C 位置^{152}Eu 体源的 γ 射线符合相加修正系数；

a_{C1}（E_i）——在类似 C 位置上给出的^{152}Eu 体源相应 γ 射线全能峰面积；

a_{D1}（E_i）——在类似 D 位置上给出的^{152}Eu 点源相应 γ 射线全能峰面积；

a_{C2}（E_i）——在 C 位置^{152}Eu 体源各有关 γ 射线的全能峰面积；

a_{D2}（E_i）——在 D 位置^{152}Eu 点源各有关 γ 射线全能峰面积；

$M_{体}$——计算系数；

F_{C1}（E_i）——标准实验室相应 γ 射线符合相加修正系数。

⑥ 上面实验中也可考虑分别制备混合的^{152}Eu 和^{137}Cs 体源和混合的点源。修正系数的误差主要来源于上述各峰面积的测量误差和标准实验室 F_{C1}（E_i）的误差。

附录 2　样品自吸修正方法

（1）样品相对刻度源自吸收系数 F_2 的确定方法

当分析样品的基质组成和刻度用的 γ 源基质组成不一样，造成装样质量密度与刻度源的质量密度差别很大时，它们之间的 γ 射线自吸差别就不能忽略，对分析结果或峰面积就应进行修正，通常不必求出绝对自吸收修正因子，只要求分析出样品相对于刻度源的自吸收修正系数即可。根据各自实验室具体条件可选用下列方法之一。

当样品的 γ 质量减弱系数 $(\mu/\rho)_1$ 和刻度源的质量减弱系数 $(\mu/\rho)_0$ 已知时，样品相对刻度源自吸收系数 F_2 可按式(5) 计算：

$$F_2=\exp\left\{-\frac{\overline{L}}{V}\left[(\mu/\rho)_1 m_1-(\mu/\rho)_0 m_0\right]\right\} \tag{5}$$

式中　F_2——样品相对刻度源自吸收系数；

$\overline{L}$——被分析 γ 射线通过样品本身的平均有效长度，cm；

V——样品体积，也就是刻度源的体积，cm^3；

$(\mu/\rho)_1$——样品的 γ 质量减弱系数，cm^2/g；

m_1——样品的装填质量，g；

$(\mu/\rho)_0$——刻度源的γ质量减弱系数，cm^2/g；

m_0——刻度源的装填质量，g。

当样品的 $(\mu/\rho)_1$ 值不容易得到，所求自吸收修正的γ能量大于200keV，装填样品质量密度 (m_1/V) 与刻度源的差别不大于 $0.3g/cm^3$ 时，可按式(6) 近似代替式(5)：

$$F_2 = \exp\left[-\frac{\overline{L}}{V}(\mu/\rho)_0(m_1 - m_0)\right] \tag{6}$$

可按图1所示点源、样品与探测器的几何位置，通过测量发射多γ能量的点源（如 ^{152}Eu，或单能γ混合源等）峰面积来计算自吸收修正系数。点源的γ射线能量范围应覆盖待分析的γ射线能量。实验要求至少测量两次，一次是在样品盒装满无放射性的样品基质材料上测量，设测量的峰面积为 a_1；另一次是在样品盒装满无放射性的刻度源基质材料上测量，设测得的峰面积为 a_0，则样品的相对自吸收系数 F_2 可按式(7) 计算：

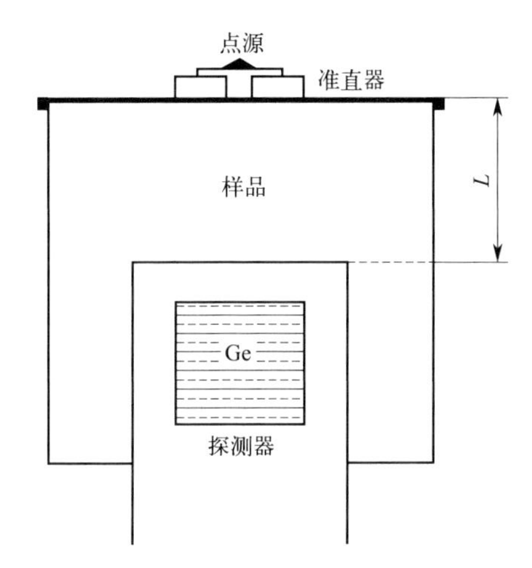

图1　点源、样品与探测器的几何位置

$$F_2 = \exp\left[\frac{\overline{L}}{L}\ln(a_1/a_0)\right] \tag{7}$$

式中　L——点源γ射线通过样品的最近距离（如图1所示），cm；

a_1——在样品盒装满无放射性的样品基质材料测量的峰面积；

a_0——在样品盒装满无放射性的刻度源基质材料测量的峰面积。

当选用的点源足够强，样品和刻度源相对较弱，特别是γ射线能量不重合时，实验可直接在样品与刻度源上来完成。

确定自吸收系数的第三种方法是用待分析的样品基质和刻度源基质物质制作两个放射性活度相等（实际上相对强度已知即可）、形状大小和待分析样品一样、γ能量范围覆盖待求自身吸收的γ能量的体源。在相同条件下测量两个源，并分别求出对应的峰面积，设为 A_1 和 A_0，则样品相对于刻度源的自吸收系数 F_2 可按式(8) 计算：

$$F_2 = A_1/A_0 \tag{8}$$

式中　A_1——待分析的样品基质测量所得的对应峰面积；

A_0——刻度源基质测量所得的对应峰面积。

求出若干不同能量 E 和 F_2 值，做 F_2-E 曲线图，或选用适当函数拟合各实验点，则可

求出任意能量下的 F_2 值。

可选用更多的不同密度物质制源，用该实验方法求得多组数据，然后通过适当数据处理，可以内插出任意 γ 能量和任意密度情况下相对于刻度源的自吸收系数。

(2) 关于质量减弱系数的确定方法

如果样品或刻度源的元素组成已知，则可利用已知元素的 γ 射线质量减弱系数数据表按它们在样品中或刻度源中的质量份额加权，计算出整个样品或刻度源对各种不同的 γ 射线质量减弱系数，部分常用元素或物质的 γ 射线质量减弱系数见表 1。

当样品或刻度尖折基质组成不清楚时，可由实验确定 (μ/ρ)，实验如图 1 所示，样品盒用 (μ/ρ) 已知的物质装满（如水），测量点源的 γ 谱，计算全能峰面积 α_0，后用待求 (μ/ρ) 的样品或刻度源的基质装满样品盒，测量点源 γ 谱，计算全能峰面积 α_1，则样品或刻度源的相应 γ 射线质量减弱系数 $(\mu/\rho)_1$ 可按式(9) 计算：

$$(\mu/\rho)_1=[\overline{L}(\mu/\rho)_0 m_0/V-\ln(a_1/a_0)]/(\overline{L}m_1/V) \tag{9}$$

式中 $(\mu/\rho)_1$——样品或刻度源的相应 γ 射线质量减弱系数，cm^2/g；

$(\mu/\rho)_0$——水的 γ 质量减弱系数，cm^2/g；

m_0——水的质量，g；

V——装样体积，cm^3；

m_1——待求基质（即分析样品或标准源）的质量，g。

(3) 关于 $\overline{L}$ 确定方法

$\overline{L}$ 是由样品体积或刻度源体积 V 决定的几何量，可以由标准实验室提供或由以下方式获得。

① 用 γ 质量减弱系数已知的两种基质物质做两个体源，其活度相等，形状大小和待分析样品一样，在相同条件下测量两体源，确定相应 γ 全能峰面积，按式(10) 计算 $\overline{L}$：

$$\overline{L}=\ln(A_1/A_2)/[(\mu/\rho)_2 m_2/V-(\mu/\rho)_1 m_1/V] \tag{10}$$

式中 A_1——对基质物质 1 测量的峰面积；

A_2——对基质物质 2 测量的峰面积；

$(\mu/\rho)_2$——对基质物质 2 测量的 γ 质量减弱系数，cm^2/g；

m_2——对基质物质 2 测量的装样量，g；

V——装样体积，cm^3；

$(\mu/\rho)_1$——对基质物质 1 测量的 γ 质量减弱系数，cm^2/g；

m_1——对基质物质 1 测量的装样量，g。

对不同 γ 能量，求出多个 $\overline{L}$ 值，其算术平均值即为所用样品盒对 γ 光子的平均有效长度。

② 用两种无放射的基质物质，如水和 $FeCl_3$ 水溶液，分别装满样品盒，按图 1 所示实验方法测量的 ^{152}Eu 点源 γ 谱，计算两种情况的峰面积，分别为 α_1 和 α_2。再将这两个无放射性的基质物质加入相同量 ^{152}Eu 溶液制成体源，放在同一探测器同样位置上测量，得到体源的峰面积，分别为 A_1 和 A_2，然后按式(11) 计算 $\overline{L}$。

$$\overline{L}=L\cdot\ln(A_1/A_2)/\ln(a_1/a_2) \tag{11}$$

实验时，^{152}Eu 点源和 ^{152}Eu 溶液不一定是标准源。对不同 γ 能量求出多个 $\overline{L}$ 值，其算术平均值即为所用样品盒对γ光子的平均有效长度。

表 1　γ射线的质量减弱系数

光子能量/MeV	氢 $(\mu/\rho)/(cm^2/g)$	碳 $(\mu/\rho)/(cm^2/g)$	氮 $(\mu/\rho)/(cm^2/g)$	氧 $(\mu/\rho)/(cm^2/g)$	铝 $(\mu/\rho)/(cm^2/g)$	硅 $(\mu/\rho)/(cm^2/g)$	铁 $(\mu/\rho)/(cm^2/g)$	水 $(\mu/\rho)/(cm^2/g)$	空气 $(\mu/\rho)/(cm^2/g)$
0.040	3.458×10^{-1}	2.076×10^{-1}	2.288×10^{-1}	2.585×10^{-1}	5.685×10^{-1}	7.012×10^{-1}	3.629×10^{0}	2.683×10^{-1}	2.485×10^{-1}
0.050	3.355×10^{-1}	1.871×10^{-1}	1.980×10^{-1}	2.132×10^{-1}	3.681×10^{-1}	4.385×10^{-1}	1.958×10^{0}	2.269×10^{-1}	2.080×10^{-1}
0.060	3.260×10^{-1}	1.753×10^{-1}	1.817×10^{-1}	1.907×10^{-1}	2.778×10^{-1}	3.207×10^{-1}	1.205×10^{0}	2.059×10^{-1}	1.875×10^{-1}
0.080	3.097×10^{-1}	1.610×10^{-1}	1.639×10^{-1}	1.678×10^{-1}	2.018×10^{-1}	2.228×10^{-1}	5.952×10^{-1}	1.837×10^{-1}	1.662×10^{-1}
0.100	2.944×10^{-1}	1.514×10^{-1}	1.529×10^{-1}	1.551×10^{-1}	1.704×10^{-1}	1.835×10^{-1}	3.717×10^{-1}	1.707×10^{-1}	1.541×10^{-1}
0.150	2.651×10^{-1}	1.347×10^{-1}	1.353×10^{-1}	1.361×10^{-1}	1.378×10^{-1}	1.448×10^{-1}	1.964×10^{-1}	1.505×10^{-1}	1.356×10^{-1}
0.200	2.429×10^{-1}	1.229×10^{-1}	1.233×10^{-1}	1.237×10^{-1}	1.223×10^{-1}	1.275×10^{-1}	1.460×10^{-1}	1.370×10^{-1}	1.233×10^{-1}
0.300	2.112×10^{-1}	1.066×10^{-1}	1.068×10^{-1}	1.070×10^{-1}	1.042×10^{-1}	1.082×10^{-1}	1.099×10^{-1}	1.186×10^{-1}	1.067×10^{-1}
0.400	1.893×10^{-1}	9.546×10^{-2}	9.557×10^{-2}	9.566×10^{-2}	9.276×10^{-2}	9.614×10^{-2}	9.400×10^{-2}	1.061×10^{-1}	9.549×10^{-2}
0.500	1.729×10^{-1}	8.715×10^{-2}	8.719×10^{-2}	8.729×10^{-2}	8.445×10^{-2}	8.748×10^{-2}	8.414×10^{-2}	9.687×10^{-2}	8.712×10^{-2}
0.600	1.599×10^{-1}	8.058×10^{-2}	8.063×10^{-2}	8.070×10^{-2}	7.802×10^{-2}	8.077×10^{-2}	7.704×10^{-2}	8.956×10^{-2}	8.055×10^{-2}
0.800	1.405×10^{-1}	7.076×10^{-2}	7.081×10^{-2}	7.087×10^{-2}	6.841×10^{-2}	7.082×10^{-2}	6.699×10^{-2}	7.865×10^{-2}	7.074×10^{-2}
1.000	1.263×10^{-1}	6.361×10^{-2}	6.364×10^{-2}	6.372×10^{-2}	6.146×10^{-2}	6.361×10^{-2}	5.995×10^{-2}	7.072×10^{-2}	6.358×10^{-2}
1.500	1.027×10^{-1}	5.179×10^{-2}	5.180×10^{-2}	5.185×10^{-2}	5.006×10^{-2}	5.183×10^{-2}	4.883×10^{-2}	5.754×10^{-2}	5.175×10^{-2}
2.000	8.769×10^{-2}	4.442×10^{-2}	4.450×10^{-2}	4.459×10^{-2}	4.324×10^{-2}	4.480×10^{-2}	4.265×10^{-2}	4.942×10^{-2}	4.447×10^{-2}

注：表中所有数据来源于 National Institute of Standards and Technology report，NISTIR 5632，1995。

参考文献

[1] 李连山，杨建设．环境物理性污染控制工程［M］. 武汉：华中科技大学出版社，2009.
[2] 刘铁祥，邹润莉．物理性污染监测［M］. 北京：化学工业出版社，2009.
[3] 洪宗辉．环境噪声控制工程．北京：高等教育出版社，2002.
[4] 王怀宇，方晖．环境监测［M］. 北京：高等教育出版社，2014.
[5] HJ 1151—2020. 5G 移动通信基站电磁辐射环境监测方法［S］.
[6] GB 8702—2014. 电磁环境控制限值［S］.
[7] HJ 1199—2021. 短波广播发射台电磁辐射环境监测方法［S］.
[8] HJ 705—2020. 建设项目竣工环境保护验收技术规范 输变电［S］.
[9] GB 8999—2021. 电离辐射监测质量保证通用要求［S］.
[10] HJ 61—2021. 辐射环境监测技术规范［S］.
[11] HJ 1056—2019. 核动力厂液态流出物中^{14}C分析方法—湿法氧化法［S］.
[12] HJ 969—2018. 核动力厂运行前辐射环境本底调查技术规范［S］.
[13] HJ 1157—2021. 环境γ辐射剂量率测量技术规范［S］.
[14] HJ 1212—2021. 环境空气中氢的测量方法［S］.
[15] HJ 898—2017. 水质 总 a 放射性的测定 厚源法［S］.
[16] HJ 899—2017. 水质 总β放射性的测定 厚源法［S］.
[17] HJ 840—2017. 环境样品中微量铀的分析方法［S］.
[18] GB/T 15190—2014. 声环境功能区划分技术规范［S］.
[19] GB 3096 — 2008. 声环境质量标准［S］.
[20] GB 22337—2008. 社会生活环境噪声排放标准［S］.
[21] GB 12523 — 2011. 建筑施工场界环境噪声排放标准［S］.
[22] GB 12348—2008. 工业企业厂界环境噪声排放标准［S］.
[23] HJ 640—2012. 环境噪声监测技术规范 城市声环境常规监测［S］.
[24] HJ 706—2014. 环境噪声监测技术规范 噪声测量值修正［S］.
[25] GB/T 11743—2013. 土壤中放射性核素的γ能谱分析方法［S］.
[26] GB 16145—2020. 生物样品中放射性核素的γ能谱分析方法［S］.
[27] HJ 61—2021. 辐射环境监测技术规范［S］.
[28] HJ 906—2017. 功能区声环境质量自动监测技术规范［S］.
[29] HJ 661—2013. 环境噪声监测点位编码规则［S］.
[30] HJ 907—2017. 环境噪声自动监测系统技术要求［S］.
[31] GB 10070—88. 城市区域环境振动标准［S］.
[32] HJ 2034—2013. 环境噪声与振动控制工程技术导则［S］.
[33] 陈泽浩，黄嘉玉，黄壮群，等．环境电离辐射监测及安全评价［J］. 广东化工，2021，48（9）：205-207.
[34] 邓益群、彭凤仙．固体废物及土壤监测［M］. 北京：化学工业出版社，2010.
[35] 石青云．福岛核事故对海洋核电厂本底调查的影响［D］. 苏州：苏州大学，2013.
[36] 复旦大学，清华大学，北京大学．原子核物理实验方法（下册）［M］. 北京：原子能出版社，1982.